A luta pela FLORESTA

Torkjell Leira

2020. Todos os direitos desta edição reservados à Editora Rua do Sabão

Esta tradução foi publica com apoio financeiro de NORLA

Rua da Fonte, 275 sala 62B
09040-270 - Santo André, SP.

www.editoraruadosabao.com.br
facebook.com/editoraruadosabao
instagram.com/editoraruadosabao
twitter.com/edit_ruadosabao
youtube.com/editoraruadosabao
pinterest.com/editorarua

Grafia atualizada segundo o Acordo Ortográfico da Língua Portuguesa de 1990, que entrou em vigor no Brasil em 2009.

TRADUÇÃO	DIREÇÃO DE ARTE	CONSELHO EDITORIAL
Leonardo Pinto Silva	Vinicius Oliveira	Felipe Damorim
REVISÃO	PREPARAÇÃO	Leonardo Garzaro
Gladstone Alves e Fernanda Mota	Ana Helena Oliveira	Lígia Garzaro
		Vinicius Oliveira
EDIÇÃO		Ana Helena Oliveira
Felipe Damorim e Leonardo Garzaro		

Dados Internacionais de Catalogação na Publicação (CIP)
(Câmara Brasileira do Livro, SP, Brasil)

Leira, Torkjell
    A luta pela floresta : como a Noruega ajuda a proteger : e a destruir o meio ambiente no Brasil / Torkjell Leira ; tradução Leonardo Pinto Silva. -- Santo André, SP : Editora Rua do Sabão, 2020.

    Título original: Kampen om Regnskogen
    Bibliografia.
    ISBN 978-65-86460-01-8

    1. Alumina do Norte do Brasil S.A (Empresa). 2. Florestas - Conservação - Amazônia 3. Meio ambiente - Acidentes 4. Meio ambiente - Amazônia. 5. Meio ambiente - Preservação 6. Norsk Hydro (Empresa) I. Título.

20-39840   CDD-304.209811

Índices para catálogo sistemático:

    1. Amazônia : Meio ambiente : Preservação : Ecologia 304.209811

    Cibele Maria Dias - Bibliotecária - CRB-8/9427

A luta pela FLORESTA

Torkjell Leira

Traduzido do norueguês por
Leonardo Pinto Silva

Como a Noruega ajuda a
proteger — e a destruir — o meio
ambiente no Brasil

Nota do tradutor

Este é um livro necessário, corajoso e relevante. Necessário porque faz uma abordagem franca de um tema cujo pano de fundo são as mudanças climáticas, um dos desafios mais urgentes que a humanidade tem diante de si. Corajoso porque chama as coisas pelo nome, não omite responsabilidades nem pretende suavizar os dilemas que resultam da contradição entre desenvolvimento econômico, preservação da natureza e direitos dos povos indígenas. E relevante porque apresenta uma mirada do Brasil a partir de uma perspectiva que não nos é familiar, e assim nos descortina novos horizontes.

Que caiba a um autor norueguês, ainda que fluente em português e bastante familiarizado com o Brasil, chamar a atenção para este tema urgente dá a medida do nosso alheamento em relação aos grandes temas em debate no mundo, que nos afetam direta e inapelavelmente. Torkjell Leira escreveu um livro que esmiúça as relações entre Brasil e Noruega desde a virada do século XIX, lançando luz sobre detalhes desconhecidos, ao menos aqui, de uma história ambígua. Se, por um lado, o país escandinavo tem sido um dos nossos maiores parceiros comerciais, liderando iniciativas concretas de preservação ambiental, é também um dos maiores responsáveis, direta ou indiretamente, por incentivar atividades que resultam na degradação do bioma amazônico (e, por extensão, também do Cerrado brasileiro).

Longe de ser uma obra técnica menos acessível ao grande público, A Luta pela Floresta flui numa prosa elegante e bem fundamentada, ora lembrando um thriller policial, ora uma reportagem do jornalismo investigativo da melhor cepa. Exemplo disso são os bastidores e desdobramentos do vazamento de resíduos tóxicos da maior refinaria de alumina do mundo, da norueguesa Hydro, em Barcarena, no Pará, em 2018. O autor teve acesso a informações de primeira mão e traz conclusões não apenas desse, mas de dois outros incidentes semelhantes que agora vêm a público.

Lançado na Noruega no início de 2020, este livro não demorou a ter repercussões drásticas. Na esteira do debate que ocasionou, o conselho de ética do gigantesco Oljefondet, maior fundo soberano do mundo, decidiu excluir seus investimentos em duas das maiores empresas brasileiras — Vale e Eletrobras — por violações graves aos direitos humanos e ao meio ambiente. A decisão não é inédita: meses antes, o fundo norueguês vendeu sua parte na JBS após a empresa ter sido envolvida em casos de corrupção. O avanço no desmate da floresta e a deterioração das relações entre Brasil e países-membros do Espaço Econômico Europeu sugerem que mais retaliações possam estar a caminho, resultando noutro paradoxo: quanto mais a floresta e os povos indígenas estiverem sob ameaça (decorrente sobretudo da pecuária, do cultivo de soja e da extração de minérios), menos possibilidades de desenvolvimento econômico se apresentarão para a região.

***

A Luta pela Floresta inaugura um selo da Editora Rua do Sabão dedicado inteiramente à literatura nórdica: Hiperbórea, nome dado pelos gregos da Antiguidade à mítica terra incognita no norte europeu. Numa iniciativa igualmente necessária, corajosa e relevante, pretendemos trazer ao leitor brasileiro, sempre em traduções de primeira mão, escritos de matizes diferentes, estilos variados e assuntos os mais diversos possíveis, cujo traço de união será sempre a indiscutível qualidade da literatura produzida na Noruega, Dinamarca, Suécia, Islândia e Finlândia.

Boa leitura!

Leonardo Pinto Silva

São Paulo, setembro de 2020

Nota à edição brasileira

Moro em Belém e promovo a conservação da Amazônia, trabalho que é financiado parcialmente pelo governo norueguês, o líder global em investimentos para a conservação das florestas tropicais. Entretanto, em 2018, há 52 quilômetros da minha casa, a mineradora norueguesa Hydro causou um escândalo ambiental após despejar água poluída em um rio. Como se dá essa contradição? E por que a Noruega está tão presente na Amazônia e no Brasil?

A Luta pela Floresta se dedica a responder essa e outras ambiguidades da relação da Noruega com o Brasil, especialmente sobre a conservação da maior floresta tropical do planeta.

O livro é oportuno: a Noruega tem sido manchete na imprensa nacional, frequentemente envolvendo polêmicas. O país é o principal apoiador do Fundo Amazônia, criado pelo governo brasileiro em 2008 para ajudar a proteger a floresta. Parte do agronegócio e políticos brasileiros apontam a hipocrisia norueguesa de apoiar a conservação, mas enriquecer investindo em empresas poluidoras.

Torkjell Leira mostra em detalhes os dois lados da presença da Noruega S/A (expressão dele) no Brasil. Ele revela investimentos bilionários e as práticas das empresas norueguesas que tem alto potencial de impacto ambiental no país. E conta os bastidores de como entidades da sociedade civil estimularam os governantes da Noruega a criar o programa de apoio à conservação de florestas que resultou no Fundo Amazônia. Na conclusão do livro, o autor indica o que as empresas e o governo norueguses deveriam fazer para tornar seus investimentos mais responsáveis.

Torkjel é preparado como poucos para esta tarefa. Primeiro, por ter vivido vários anos no Brasil e voltar com frequência. Segundo, por ter trabalhado em uma fundação norueguesa dedicada à conservação florestal e acompanhar o desenvolvimento das políticas ambientais na Noruega e no Brasil. Terceiro: o autor foi parceiro de um projeto de pesquisa junto a mineradora Hydro no Pará e, portanto, teve acesso próximo ao caso. E, finalmente, Torkjel mergulha fundo no que faz. Dois exemplos: aprendeu a jogar capoeira e remou 110 quilômetros no rio Xingu.

Paulo Barreto, Imazon

Índice

Prefácio 10
A milhares de quilômetros da civilização 20
O vazamento: a primeira fase do escândalo da Hydro..........30
O longo caminho da Norsk Hydro até a Amazônia 42
O aventureiro Erling Lorentzen 54
A vingança: a Hydro no centro da arena política..................72
Ditadura militar, genocídio e alumínio norueguês.................86
Quando Sting e "o botocudo" visitaram a Noruega 94
Chovem bilhões sobre a floresta 112
A admissão: a verdade sobre o escândalo da Hydro........... 124
O complicado nascimento do Fundo Amazônia.................. 140
A maior aquisição estrangeira da história da Noruega........ 158
Cem milhões de salmões noruegueses vêm do Brasil......... 168
A atuação das empresas norueguesas na Amazônia é defensável? 190
O maior equívoco da política norueguesa para a floresta.... 210
Um ministro sem rumo 232
O Brasil sob Bolsonaro 252
Agradecimentos... 274
  Notas 276
  Bibliografia... 290

Prefácio

O cano foi selado de acordo com todos os protocolos de segurança. Um novo suporte de aço protege a abertura como se fosse um chapéu feito sob medida. A pintura lisa arde como brasa ao toque da mão. Estou na Amazônia brasileira, a poucos quilômetros da linha do Equador. As nuvens brancas, que o vento sopra preguiçosamente, não dão conta de sombrear os raios do inclemente sol a pino.

O cenário parece a ilustração de um catálogo de jardinagem. O cano foi pintado recentemente com uma tinta cinza-azulada. A grama, de um tom verde-claro, acabou de brotar no chão. "Estava muito bagunçado, era só lama", explica Emanoel, o homem que me conduz pela fábrica. "Além disso, atraiu muitos curiosos. Aí decidimos arrumar um pouquinho".

O cano tem cerca de setenta centímetros de diâmetro e se projeta pouco mais de um metro além do terreno da Hydro Alunorte, a maior refinaria de alumina do mundo, um enorme complexo industrial que transforma o minério bauxita em pó de alumina, que depois segue para ser derretido em usinas e se converte no alumínio como o conhecemos. Aqui trabalham milhares de pessoas. Uma verdadeira multidão de operários e caminhões transitam sob galpões do tamanho de hangares e silos que mais parecem arranha-céus. Cercado por barragens gigantescas, um emaranhado interminável de tubulações, esteiras rolantes e canais de concreto me dá a impressão de estar no meio de um formigueiro mecânico em escala colossal. Do outro lado do muro descortina-se outro gigante: o dossel verde-escuro da mata, um trecho da imensa floresta amazônica. O farfalhar das folhas e a sinfonia dos insetos chega a abafar o ruído do motor dos caminhões logo atrás de mim, enquanto o suor escorre em bicas sob o capacete e embaça os óculos de proteção que sou obrigado a usar.

Quando visitei a Alunorte, o cano não deixava escorrer um pingo sequer. Em fevereiro de 2018, porém, vazou por ele um líquido contaminado que arrastou a Norsk Hydro para a maior crise da sua história. Não foi muito. Algo entre dois e cinco metros cúbicos, garantiu a empresa, o equivalente ao volume de duas ou três caixas d'água residenciais. Além disso, apenas a enxurrada escorreu pelo antigo duto de cimento, portanto não havia risco de contaminação — de acordo com a Hydro.

Segundo os moradores de Barcarena, a história é outra. O município paraense de 100 mil habitantes fica no delta do Amazonas e é um dos mais pobres do Brasil. Em frente aos portões da Alunorte, os protestos eram quase diários: "Hydro — Assassina do povo de Barcarena", lia-se numa faixa.

Manifestantes furiosos acusavam a empresa norueguesa de contaminar seus poços de água potável e causar doenças na população. Na mídia brasileira, a Hydro tampouco foi poupada. A empresa foi taxativa: assegurou que não houve vazamento de lama vermelha tóxica oriunda das barragens, portanto não poderia ser responsabilizada por contaminação alguma. Mesmo assim, a reação das autoridades brasileiras foi rápida e enérgica: a Hydro teve que pagar 20 milhões de reais em multas, recebeu uma repreensão pública do ministério do Meio Ambiente e se tornou alvo de uma investigação nomeada especialmente pelo então presidente da República, Michel Temer. Pior ainda: foi condenada a reduzir pela metade a produção da Alunorte. Pela fria análise do banco DNB, as medidas implicavam um prejuízo mensal de mais de 200 milhões[i] de reais.[1]

Mas o que realmente aconteceu? A acusação dos moradores locais tinha fundamento? Teria a Hydro deixado escapar, de propósito e ilegalmente, rejeitos con-

---

i Num momento de extrema volatilidade cambial, a conversão de valores monetários utilizada na tradução foi, para fins de simplificação, de 2 coroas norueguesas = 1 real. (NdoT) taminantes diretamente na natureza? Caso afirmativo, o que dizer das suas ambiciosas metas de responsabilidade social e ambiental? E, mais ainda, o que este episódio tem a ensinar sobre o papel que a Noruega exerce no Brasil?

Semanas depois do vazamento, soube-se a resposta para uma destas perguntas. Ilustrada com uma enorme foto do principal executivo da Norsk Hydro, Svein Richard Brandtzæg, a manchete de capa do *Dagens Næringsliv*, maior jornal econômico da Noruega, dizia: "Hydro assume responsabilidade por série de vazamentos no Brasil".[2]

Eu me encontrava por acaso em Belém quando estourou o escândalo da Hydro. A capital paraense fica a cerca de uma hora de barco de Barcarena. Assim que me dei conta da gravidade do problema, tomei um barco e fui mais uma vez à Alunorte. Lá, fiquei convencido de que a Hydro não tinha contaminado nem a água nem a mata ao redor da fábrica. A empresa me forneceu explicações bem fundamentadas e seus procedimentos eram, ao menos aparentemente, à prova de falhas. Uma semana depois, numa escala no aeroporto de Copenhague e a caminho de casa, soube que a Hydro assumira a responsabilidade pelos vazamentos ilegais, afinal. Foi no dia anterior à reportagem do *Dagens Nærlingsliv*, e só então me dei conta: o papel que a Noruega exerce na Amazônia merecia ser melhor contado num livro.

Um papel *ambíguo*, melhor dizendo, pois a Noruega não tem uma presença unidimensional no Brasil, muito menos limitada à região Norte do País. Desde a década de 1980, vínhamos adotando uma postura excepcionalmente positiva em relação à floresta tropical brasileira, colaborando ativamente com as autoridades, organizações ambientais e povos indígenas. Um esforço que culminou num investimento bilionário no Fundo Amazônia, que desde 2008 é mantido com recursos públicos noruegueses e transformou o Brasil no maior beneficiário da nossa cooperação econômica. Além do próprio Brasil, a Noruega contribuiu mais do que qualquer outro país para proteger a Amazônia brasileira.

Ao mesmo tempo, investimos uma quantia exponencialmente maior em indústrias que destroem esta mesma região — algo que o escândalo da Hydro ilustra muito bem. Seja pelo investimento direto de empresas norueguesas, seja através do *Oljefondet*, o fundo soberano da Noruega, seja importando toneladas pantagruélicas de soja, a "Noruega S/A" deixa um enorme passivo ambiental na Amazônia. Destinamos bilhões de coroas para preservar a floresta tropical nas últimas décadas, enquanto investimos cinco, talvez dez vezes mais, em atividades que a degradam. Com uma mão a Noruega protege e, com a outra, ajuda a destruir a Amazônia, um paradoxo que este livro tentará aprofundar.

O pano de fundo desse cenário é a floresta ardendo em chamas e um presidente que assumiu o cargo incentivando de fato os crimes ambientais, uma verdadeira catástrofe para a natureza e as pessoas que habitam a região. Plantas, insetos e animais mais lentos morrem queimados; pássaros e animais mais ágeis são encurralados e confrontados com a presença humana. O clima local torna-se mais seco. Quando as queimadas são mais intensas, aeroportos precisam ser fechados por causa da fumaça e crianças deixam de ir às aulas por causa da poluição. Ao mesmo tempo, estes incêndios florestais despejam quantidades enormes de CO_2 na atmosfera.

O desmatamento é, sem dúvida, a maior fonte de gases de efeito estufa (GEE) no Brasil, e ocorre numa área tão extensa que acaba influenciando o clima global. A Noruega decidiu apoiar o Fundo Amazônia sobretudo para tentar reduzir estas emissões, mas, em 2019, o recém-eleito presidente Jair Bolsonaro fez o que poucos achavam ser possível: na prática, acabou com o Fundo. A maior iniciativa climática da Noruega no âmbito global foi abruptamente estancada. Assim, este livro é, também, um relato da frente de batalha pelo clima.

Não foi exatamente por acaso que eu me encontrava no Brasil quando o escândalo da Hydro ganhou as manchetes. Desde a década de 1990, me dedico a estudar o Brasil em geral e a Amazônia em particular. Naquela ocasião, estava em Belém num projeto de pesquisa ambiental que resulta de uma cooperação entre a Universidade de Oslo (UiO), três universidades brasileiras e a própria Norsk Hydro. O estudo estava sendo conduzido na mina de bauxita da Hydro, em Paragominas, 250 quilômetros ao sul de Barcarena. O projeto que eu liderava, e, portanto, pagava o meu salário, era em última instância financiado por uma empresa que se orgulha de levar a Noruega no nome.[ii]

Ao longo de quatro anos, trabalhei em estreita colaboração com o departamento ambiental da Hydro, tanto na Noruega como nas suas filiais brasileiras. Neste ínterim, conheci a fundo uma empresa sólida e confiável, verdadeiramente preocupada com o meio ambiente e a sustentabilidade, que adota estratégias exemplares em relação ao clima e à responsabilidade social. Conheci também técnicos competentes e qualificados, tanto na Noruega como no Brasil. Portanto, o escândalo da Hydro repercutiu em mim de diferentes maneiras. Uma coisa era o vazamento em si e a reação da empresa, que enfureceu meu coração de ativista. Outra coisa era a conduta acadêmica da equipe de pesquisadores, que requer profissionalismo e isenção diante de ações pelas quais não éramos responsáveis nem tínhamos como influenciar. Além disso, havia algo mais em jogo: a desagradável sensação de ter sido enganado.

Escrever criticamente sobre ex-colegas de trabalho é difícil. Ao mesmo tempo, meu contato próximo com a Hydro torna este livro melhor e com mais nuances. Tive acesso a informações que, de outra forma, não teria. Foi mais fácil para mim compreender os diferentes interesses, tantas vezes conflitantes, dentro de uma corporação global como a Hydro. Percebi melhor

---

ii *"Norsk"* significa *norueguês*. (NdoT)

as diversas interações e troca de favores entre a indústria e os políticos, tanto na Noruega como no Brasil, e isso também me ajudou a elaborar questões mais precisas.

O Estado norueguês, por meio do apoio que dá ao Fundo Amazônia, é um líder global na proteção das florestas tropicais. Como pôde então a Hydro, uma empresa majoritariamente estatal, cuja pedra de toque é ser a mais ambientalmente correta na sua categoria, se enredar num escândalo ambiental como o de Barcarena? Em que pé estarão os demais interesses noruegueses na Amazônia?

A história da Noruega na Amazônia é muito extensa. Começa ainda no século XIX, com o armador Hans Ludvig Lorentzen. Este livro também é sobre ele. Um outro capítulo conta a história de seu neto, Erling, que após a Segunda Guerra fixou residência no Rio de Janeiro, casado com uma princesa norueguesa. Eles pavimentaram caminhos e abriram portas para indústrias norueguesas, e é difícil compreender a situação atual sem analisar o legado que deixaram. Infelizmente, a proximidade entre Lorentzen e o regime militar brasileiro, nas décadas de 1960 e 1970, prenunciou a postura embaraçosa da petrolífera norueguesa Equinor (antiga Statoil) diante do atual governo Bolsonaro.

Hoje, há quase duzentas empresas norueguesas estabelecidas no Brasil. Juntas, já investiram aqui cerca de 100 bilhões de reais, o que faz a Noruega um dos maiores parceiros comerciais do País. Embora a Hydro ocupe boa parte destas páginas, a ambiguidade a que me refiro vai muito além de um vazamento tóxico. A Noruega S/A detém um sem-número de interesses no exterior e deixa uma extensa pegada climática na Amazônia à medida que a floresta desaparece.

O vazamento da Hydro em Barcarena não foi acidental. Foi uma tragédia que não ocorreu por falta de sorte nem em consequência de uma tempestade. Resulta de uma negligência deliberada dos riscos ambientais somada à incapacidade de ouvir as necessidades da comunidade local. Tampouco foi um episódio único. A Hydro foi obrigada a admitir, afinal, que ilegal e deliberadamente acobertou uma série de vazamentos similares.

Ao mesmo tempo, há várias outras empresas norueguesas com passivos ambientais importantes operando em plena floresta. Este livro também abordará questões mais sistemáticas de um jogo que envolve dinheiro, ética, direitos humanos e estratégias de sustentabilidade, cujos protagonistas são políticos poderosos como o ex-ministro da Indústria norueguês Torbjørn Røe Isaksen, líderes empresariais como Svein Richard Brandtzæg, da Hydro, magnatas como o ex-diretor do *Oljefondet*, Yngve Slyngstad, e o bilionário produtor de salmão Gustav Witzøe, da Salmar. Procuro atribuir a cada um sua responsabilidade e faço algumas recomendações práticas.

O livro tem três eixos principais e três planos temporais. Aborda tanto os interesses noruegueses no Brasil como a presença da Hydro na Amazônia e, também, o escândalo do vazamento em Barcarena. Nas próximas páginas, estas três narrativas correrão paralelamente até se encontrarem sob o brasão de armas do Estado norueguês, no plenário do *Stortinget* [Parlamento].

Agachado ao lado da tubulação na Hydro Alunorte, tiro o capacete e os óculos de proteção, enxugo o suor da testa, olho para o céu e respiro fundo. Foi aqui que tudo começou. Foi aqui o epicentro de uma crise que mobilizou forças até então desconhecidas na sociedade e na política brasileiras, que deu à Hydro um prejuízo bilionário e fragilizou a reputação da Noruega enquanto nação ambientalmente correta.

O vazamento poderia ter sido evitado? E mais importante: o que é preciso de agora em diante para que a Noruega proteja mais e destrua menos a Amazônia?

A milhares de quilômetros da civilização

Não é curioso, de fato, que um país pequeno como a Noruega tenha se tornado um campeão mundial na defesa das florestas tropicais do planeta? Apesar de um aumento trágico nos últimos anos, ninguém contribuiu tanto para a redução do desmatamento como o Brasil na década de 2000, e ninguém financiou este esforço mais do que a Noruega. Juntos, os dois países receberam alguns merecidos elogios — e algumas críticas igualmente merecidas. Mas de onde vem exatamente esta preocupação com a floresta tropical? Por que esta relação tão forte com a Amazônia?

Uma das várias razões deve-se ao armador Hans Ludvig Lorentzen. Em 1891, ele mesmo estava atrás do leme quando o recém-construído vapor *DS Norte* zarpou de Cristiânia[iii] para uma longa viagem. O navio, além de carvão, transportava a família do armador.³

A relação dos Lorentzen com a navegação remonta ao século XVIII. No final do século XIX, Hans Ludvig queria tentar a sorte num dos mercados mais promissores do mundo, conforme havia lido em algum lugar: a Argentina. Depois de semanas de travessia, a família aportou em Buenos Aires. De lá, o vapor de casco achatado, ideal para navegar pelos portos argentinos, seria empregado na cabotagem. Não deu certo. Os tempos de bonança na Argentina eram coisa do passado e, seis meses depois, Lorentzen já estava novamente de malas prontas, mas não para tão longe. Ele se estabeleceu na pequena cidade portuária de Pelotas, no Rio Grande do Sul, e desta vez teve mais sorte.

O café tornara-se uma grande indústria no sul do Brasil na segunda metade do século XIX, e o frete marítimo lhe trouxe excelentes rendimentos. Ao mesmo tempo, o País recebia de braços abertos levas e levas de imigrantes, sobretudo da Europa, impulsionando a abertura de rotas pelo Atlântico. Em 1888, além disso, as autoridades aboliram a escravidão, o que multiplicou o número de trabalhadores assalariados e fez a economia acelerar. No ano seguinte, o Império foi deposto por um golpe militar e o Brasil se tornou uma federação com-

---

iii Antigo nome da capital Oslo. (NdoT)

posta por vinte estados-membros. A antiga legislação comercial, bastante restritiva, foi liberalizada e cedeu espaço para atores estrangeiros. Ao mesmo tempo, uma trágica epidemia de febre amarela ceifou a vida de milhares de pessoas, entre elas quatrocentos marinheiros noruegueses e suecos. Com isso, a competição que Lorentzen enfrentou no final do século XIX foi bem menos acirrada que a habitual.

O armador norueguês era um visionário. Investiu logo de início num navio a carvão, enquanto os outros, mais conservadores, preferiam apostar em barcos a vela. Lorentzen também dispunha de grandes somas para investir. Enquanto seus concorrentes menos abastados contentavam-se com veleiros, ele antevia o futuro da tecnologia.

Mas o motivo que contribuiu de fato para o crescimento do pequeno estaleiro de Lorentzen foi uma rebelião interna. Na nova federação de estados havia conflitos crescentes entre o poder central, no Rio de Janeiro, e as autoridades estaduais. Em 1893, eclodiu um confronto armado entre forças militares leais ao Rio de Janeiro e milícias que apoiavam o governo do Rio Grande do Sul, o estado onde Lorentzen tinha se estabelecido. Setores da Marinha impuseram um bloqueio da capital e apontaram os canhões contra os edifícios do governo e quartéis do exército — a Segunda Revolta da Armada, como ficou conhecido o confronto. Nenhum navio partia ou chegava, o que ocasionou uma ruptura no comércio e abastecimento da população carioca. Em plena crise, Lorentzen encontrou uma solução. Auxiliado pelo cônsul norueguês Jens M. Bolstad, mediou um acordo entre as partes e o *DS Norte* foi o único navio autorizado a furar o bloqueio. Os rebeldes no mar foram abastecidos com água, suprimentos e correio, enquanto os sitiados em terra puderam estabelecer algum contato com o mundo exterior. Lorentzen em pessoa obteve permissão para transportar passageiros entre o Rio de Janeiro e o Rio Grande do Sul. Foi um semestre extremamente lucrativo.

Hans Ludvig Lorentzen aproveitou a receita para construir um navio ainda maior. Em 1896, o *DS Rio* se fez ao mar. No mesmo ano, o Brasil adotou regras mais rigorosas para companhias marítimas estrangeiras. A maioria dos empresários estrangeiros desistiu e abandonou o país, mas Lorentzen preferiu ficar. Pragmático que era, transferiu as matrículas dos seus navios para o Brasil e adotou a cidadania brasileira. Foi quando se deu conta das grandes possibilidades que a Amazônia lhe reservava.

Durante milhares de anos, os povos nativos da América dominaram a extração da borracha. Na Amazônia, a matéria-prima era a espessa e farinhenta seiva da seringueira (*Hevea brasiliensis*). A seiva, chamada de látex, é extraída cortando-se o tronco da árvore e drenando-se o líquido, que é aquecido sobre uma fogueira para que a água do látex evapore, a borracha se aglutine e possa ser moldada de diferentes formas. Povos indígenas da Amazônia usavam a borracha para impermeabilizar tecidos, moringas e outros recipientes. Na América Central, há vestígios de bolas de borracha com mais de mil anos de idade, que eram usadas num jogo cujas regras ainda não foram decifradas.

A borracha natural tem a desvantagem de ficar viscosa quando aquecida e rígida quando esfria, o que restringe sua aplicação. Duas descobertas puseram um fim a isso e, ao mesmo tempo, contribuíram para uma reviravolta na demanda mundial que transformou radicalmente a realidade dos milhões de habitantes da Amazônia. Em 1844, o norte-americano Charles Goodyear obteve a patente de um processo químico conhecido como vulcanização, em alusão ao deus grego do fogo, Vulcano. Nele, adiciona-se enxofre ao látex em alta temperatura para se obter um produto final mais resistente, menos pegajoso e mais durável que a borracha natural.

Em 1888, o escocês John Boyd Dunlop apresentou ao mundo a câmara de ar. Até então, bicicletas e automóveis usavam pneus de borracha sólida. O rolamento dos pneus com câmara era mais eficiente e muito mais confortável. Mais tarde, soube-se que um outro escocês, de nome Robert Thompson, havia patenteado a câmara de ar em 1845, mas o registro caíra no esquecimento. Coube a Dunlop a honra, a fama e o dinheiro pela invenção.

Somada à vulcanização de Goodyear, a invenção da câmara de ar por Dunlop resultou numa industrialização vertiginosa e numa explosão na demanda por borracha natural no final do século XIX. O látex da *Hevea brasilien-*

sis era o mais valorizado, pois resultava numa borracha mais forte e flexível que a de outras árvores. Durante os vinte e cinco anos seguintes, a borracha natural da Amazônia tornou-se uma das matérias-primas mais procuradas no mercado internacional. Os preços não paravam de subir, a produção se multiplicou e as receitas aumentavam exponencialmente. Na virada do século XIX, a borracha representava quarenta por cento das exportações brasileiras. Manaus e Belém converteram-se em centros urbanos cosmopolitas, e o comércio local passou a figurar entre os mais ricos do mundo. Manaus, uma cidade no meio da selva, ganhou iluminação pública e linhas de bonde antes do Rio de Janeiro e de São Paulo, ainda que se tratasse da capital nacional e do centro de exportação cafeeira do Brasil. O ápice deste processo foi o extravagante Teatro Amazonas, inteiramente construído em ferro fundido escocês e decorado com belíssimo mármore italiano, azulejos alemães e móveis franceses.

    A fortuna de poucos foi construída com o trabalho de muitos. A fim de suprir a demanda por borracha, milhares de pessoas emigraram do Nordeste do Brasil para trabalhar como seringueiros. Somavam-se aos indígenas, que eram recrutados para os seringais sob diferentes graus de coerção. Muitos eram escravizados e morriam como moscas, como ficou bem documentado na cidade peruana de Putumayo. Rumores da barbárie em curso fizeram as autoridades britânicas enviarem o cônsul Roger Casement para investigar as condições de trabalho na borracheira Peruvian Amazon Company.

O cônsul Casement descobriu que a empresa britânica mantinha 30.000 índios como escravos, e recorria a expedientes como tortura, estupros e assassinatos.

Muitos grupos indígenas, às vezes tribos inteiras, pereceram diante das atrocidades decorrentes do comércio da borracha. Outros foram fragmentados em grupos menores e fugiram. O relatório de Casement introduziu nos vocabulários jurídico e mundial o conceito de "crimes contra a humanidade".[4]

Para extrair a borracha da Amazônia, era preciso levar até lá trabalhadores, ferramentas e suprimentos. Foi aí que Hans Ludvig Lorentzen encontrou seu nicho. Durante dezessete anos, ele e seu filho, também chamado Ludvig, operaram uma rota fixa entre Manaus e Fortaleza, e detiveram na prática o monopólio do transporte de carne pelo rio Amazonas. Num dado período, pai e filho foram responsáveis por cerca de 80% do gado transportado — vivo — pelo rio, embora a carga comumente incluísse também miseráveis à procura de emprego nos seringais. Os registros que Ludvig Lorentzen fez do que encontrou são de cortar o coração.

"Estas pessoas geralmente voltavam para casa desiludidas e com a saúde abalada. Doenças e miséria eram traços predominantes", escreveu ele em seu diário. "Embora quase nunca registremos mortes no percurso desde o litoral nordestino até Manaus, no percurso oposto isso é algo bastante comum".[5]

Certa vez Ludvig Lorentzen transportou 150 pessoas para Manaus a pedido de um barão da borracha. Dois anos depois, alguns deles retornaram a bordo e lhe contaram que somente dezesseis dos 150 estavam vivos. Os registros de Ludvig descortinam a sina de centenas de milhares de trabalhadores da indústria da borracha: "Eram pessoas que em geral não sabiam fazer contas, nem escrever, e portanto se tornavam presas fáceis na mão de um patrão impiedoso, que evidentemente os tratava ao sabor de seus próprios caprichos, a milhares de milhas da civilização".[6]

O auge da onda da borracha na Amazônia não durou mais que uma geração, e só começou a declinar depois de uma das operações de contrabando mais bem-sucedidas da história. No final do século XIX, o aventureiro britânico Henry Wikham levou consigo 70 mil sementes de borracha da Amazônia para Londres, onde os botânicos do Kew Gardens conseguiram fazê-las germinar. As pequenas mudas foram enviadas para as colônias britânicas da Malásia e do Ceilão (hoje Sri Lanka) e se transformaram em enormes seringais. A produção em cativeiro era muito mais eficiente do que extrair a seiva de árvores que cresciam espalhadas pela floresta tropical.

Na Amazônia, também houve diversas tentativas de cultivo de seringueiras, mas nenhuma teve êxito. O motivo foi o fungo *Microyclus ulei*, que causa o temido e altamente contagioso mal-das-folhas. O fungo ataca seringueiras jovens, provoca a queda das folhas e a morte da planta. Na mata nativa, a distância entre as seringueiras resolvia naturalmente o problema, impedindo que os esporos do fungo de uma planta infectada alcançassem uma árvore sadia — mas é justamente a distância que faz o trabalho dos seringueiros tradicionais tão penoso. Em plantações artificiais, onde as árvores ficam próximas umas das outras, o mal-das-folhas é uma sentença de morte. A realidade da doença era de conhecimento público já no século XIX, e Henry Ford foi obrigado a render-se a ela quando tentou, em 1930, criar o maior seringal do mundo, a Fordlândia, o maior fracasso de sua carreira.[7]

Na Ásia, não havia nem o fungo nem o mal-das-folhas, portanto as plantações eram excepcionalmente produtivas e rentáveis. Por volta de 1910, a produção de borracha asiática ultrapassou a sul-americana, e dez anos mais tarde já era quatro vezes maior. Não demorou para a borracha da Amazônia se tornar completamente obsoleta e Cingapura destronar Manaus e Belém.

Antes que a economia amazônica fosse à bancarrota, Hans Ludvig Lorentzen vendeu a licença de transporte fluvial por um excelente preço. Investiu em outros projetos e depois retornou à Noruega com a família. Com empresas sólidas, apetite pelo risco, bons contatos no governo, nas forças armadas e uma boa dose de sorte, ele manteve intacta sua fortuna. Sua aventura brasileira teve um final feliz, e legou à Noruega uma relação próxima com os recursos naturais do Brasil e a floresta amazônica. Meio século e duas guerras mundiais depois, foi a vez do neto de Lorentzen, Erling, tentar a sorte. Ele mudou-se para o Rio de Janeiro com planos ambiciosos e uma princesa norueguesa como esposa.

Este assunto será retomado mais adiante, mas antes vejamos como terminou a maior aventura norueguesa na Amazônia — com uma sucessão de multas por crimes ambientais e uma montanha de resíduos tóxicos, arrastados por uma precipitação fora do comum nos arredores da fábrica da Norsk Hydro em Barcarena, no início de 2018.

O vazamento: a primeira fase do escândalo da Hydro

Barcarena, sexta-feira, 16 de fevereiro de 2018: no horizonte, as nuvens de uma coloração arroxeada já vinham se acumulando durante um bom tempo. O céu escureceu, o ar ficou carregado e os pássaros silenciaram. Primeiro foram as fortes rajadas de vento. Nuvens de poeira e sacos plásticos foram arrastados pelas ruas, os troncos das árvores vergaram e as folhas foram arrancadas e carregadas para longe. De repente, ondas de espuma branca começaram a arrebentar na margem do rio.

Então, veio o dilúvio. Primeiro, apenas gotas esparsas. Depois, uma chuva discreta, como se a massa de água pelo ar ainda tivesse dúvidas se deveria se precipitar justo ali. Sim, ali era o lugar. Pelas 24 horas seguintes, choveu mais de 210 milímetros em Barcarena. É muito até para os padrões da floresta tropical. Foi o suficiente para causar problemas nas estações de tratamento de água da Hydro e alarmar a população local, que viu suas cacimbas de água potável serem contaminadas pelo líquido tóxico que teria transbordado dos aterros de lama vermelha da empresa. Assim começou o *annus horribilis* da Hydro.

Em Barcarena fica a sede da refinaria de alumina da Hydro Alunorte, o epicentro do escândalo que atingiria a Hydro durante as semanas e meses seguintes. Vista do alto, a Alunorte parece um cenário do filme *Guerra nas Estrelas*: uma construção enorme e enferrujada cercada pelo verde. Galpões gigantescos, em largura e altura, intermeados por silos da mesma proporção, diante dos quais carros e caminhões parecem de miniatura. A oeste flui o rio Pará, a leste estão os enormes aterros de barro vermelho que circundam os reservatórios de uma substância lamacenta da mesma cor. Vista do chão, a fábrica não é menos imponente. Os silos se projetam para o céu e as construções são interligadas por uma rede quilométrica de esteiras e tubulações. Um pó enferrujado encobre tudo e se espalha pelas estradas, pela vegetação e pelas construções ao redor.

A Alunorte é uma usina de beneficiamento. Recebe a matéria-prima das minas de Trombetas e Paragominas, no interior da Amazônia. Em Barcarena, a bauxita é transformada na substância alumina, também conhecida como óxido de alumínio. O processo é relativamente simples. Foi descoberto ainda no século XIX.[8] Primeiro, a bauxita é lavada e misturada com cal, soda cáustica e água até se converter num líquido viscoso. A mistura é bombeada para grandes tanques de alta pressão e aquecida a cerca de duzentos graus Celsius, resultando numa reação química que faz o óxido de alumínio se dissolver na soda cáustica. Fora dos tanques, a mistura é resfriada e filtrada várias vezes. O material particulado se precipita do líquido, é novamente lavado e aquecido em fornos rotativos, desta vez a mais de mil graus Celsius, num processo chamado calcinação. A água evapora e materiais orgânicos indesejados são incinerados, ao mesmo tempo em que a substância adquire uma nova forma, sólida. O que resta do processo é um pó branco, semelhante ao açúcar, cuja fórmula química é Al_2O_3. Este pó é depois transportado para várias partes do mundo, onde é derretido e se transforma em alumínio. Na Noruega, a Hydro produz alumínio nas fábricas de Årdal, Sunndal e Karmøy. Parte da produção da Alunorte, entretanto, não precisa seguir para tão longe. Apenas atravessa a rua em Barcarena e segue para a fundição Albras, também de propriedade da Hydro.

A grande questão ambiental da Alunorte, a exemplo de todas as refinarias de alumina do mundo, é a lama vermelha, um subproduto cor de ferrugem, altamente tóxico, que resulta do refino. A soda cáustica deixa o pH da lama vermelha muito alto. Sem o devido tratamento, ela é nociva às pessoas e à natureza. Se entrar em contato com os olhos ou mucosas, pode causar queimaduras na pele e danos ainda mais sérios. Na natureza, as agressões também podem ser graves. Caso sejam contaminados, cursos de água inteiros podem se tornar instantaneamente impróprios para uso. Plantas, peixes, insetos e animais serão diretamente afetados. A depender da concentração do poluente, as condições necessárias à vida da maior parte das espécies animais e vegetais estarão comprometidas.

Maior refinaria de alumina do mundo, a Alunorte produz a maior quantidade de lama vermelha do planeta. Como não existem métodos de limpeza eficazes, toda a lama precisa ser armazenada, o que obriga a Hydro a construir barragens enormes que vão enchendo paulatinamente. A primeira delas, chamada DRS1 (Depósito de Resíduo Sólido 1), fica junto da refinaria, a leste, e mede mais de um quilômetro de largura e dois de comprimento. A segunda, DRS2, começará a ser utilizada quando a primeira atingir sua capacidade máxima. Os aterros ao redor das barragens têm dezenas de metros de altura.

No interior da DRS1 há resíduos de mais de trinta anos de produção de alumina. Não consegui chegar a uma conclusão sobre o volume exato, a despeito de reiterados questionamentos à Hydro, mas qualquer estimativa chegará facilmente em números astronômicos.

A barragem tem cerca de dois quilômetros quadrados de extensão. O ponto culminante tem sessenta metros e a altura média é cerca de metade disso. Assim sendo, estamos falando de sessenta milhões de metros cúbicos de lama vermelha, o correspondente à carga de cerca de cinco milhões de caminhões. Não é de admirar que os moradores temam os vazamentos, um medo que decorre da própria experiência.

Em 2009, quando a brasileira Vale era a acionista majoritária da Alunorte, uma tempestade precedeu um grande vazamento de lama vermelha. A Hydro era então a segunda maior acionista, com 34% das ações e um assento no conselho da empresa, por isso coube à Vale lidar com a crise. A empresa agiu rápido e alegou que não houve vazamento de lama vermelha, apenas a água da chuva escorrera do reservatório, portanto não havia perigo para a saúde da população local.[9]

Mais tarde ficou confirmado que houve, *sim*, um vazamento de lama da barragem, e a saúde dos habitantes do entorno estava, *sim*, em risco. As ações indenizatórias, que envolvem milhares de pessoas em Barcarena e ainda se arrastam no Judiciário, devem ser arcadas pela Hydro, que herdou não só o passivo judicial, mas também a antipatia da população. Uma das razões para o vazamento de 2018 ter tomado as proporções que tomou foi a reação inicial da Hydro, em tudo semelhante às afirmações da Vale, nove anos antes.

As pessoas temiam adoecer, temiam uma mortandade maciça dos peixes no rio e ficaram furiosas quando receberam o mesmo tratamento que a empresa lhes dispensou em 2009. Se a Alunorte falhou antes, por que seria diferente agora?

Seis meses depois da tempestade de fevereiro de 2018, voltei à fábrica. Inspecionei todo o terreno. Visitei a refinaria, os depósitos de lama vermelha, a estação de tratamento e todos os locais que, segundo a imprensa, teriam sido afetados pelo vazamento.

Fiquei especialmente impressionado ao subir no alto da DRS1. Não se trata de uma barragem como a maioria das pessoas — inclusive eu — poderia imaginar. Não é um terreno côncavo preenchido com um conteúdo fluido até a borda. A DRS1 mais parece uma montanha. Na planície onde desemboca o rio Amazonas, o morro de lama vermelha de Barcarena é o ponto culminante. Do alto se tem uma vista de 360 graus: a refinaria está localizada na margem do rio, a oeste. Belém mal se vê no horizonte, a leste, e todo o resto é a floresta verde escura.

Diante de mim, uma fila de caminhões carregados de lama cor de ferrugem serpenteava pela estrada até o alto. Lá, manobravam e despejavam a carga, que escorria pela parede da barragem, de início rapidamente, e depois diminuindo a velocidade até parar em camadas sobrepostas umas às outras. Em seguida o líquido evapora sob o sol tropical, a lama se solidifica e a montanha aumenta de tamanho. Ao ver a torrente viscosa e avermelhada, tive a impressão de estar diante de um rio de lava numa erupção vulcânica.

O ar em volta recende a minério e cinzas. A lama vermelha em si é inodora. O cheiro vem dos restos de carvão, oriundos do aquecimento nos tanques de pressão da refinaria e despejados junto com a lama. Eu estava equipado com capacete, óculos de proteção, máscara, botas, luvas e uma jaqueta vermelha com uma fita reflexiva. No bolso, carregava um aerossol para neutralizar os efeitos de uma eventual queimadura caso alguma daquelas substâncias entrasse em contato com a minha pele. Num adesivo, afixado na porta do carro, lia-se: "PERIGO. Mantenha as mãos distantes. Perigo de prensamento".

Em suma, as pessoas eram bem tratadas ali. A natureza, por sua vez, a antiga floresta tropical que um dia existiu, estava soterrada debaixo de uma montanha de 60 metros de poluentes. O lençol freático estava separado da lama vermelha por uma lona plástica de poucos milímetros de espessura. A desproporção entre o cuidado com os seres humanos e a natureza era abissal. Uma fina camada de pó cinzento se acumulou sobre a tela do meu celular enquanto eu fazia fotos. Tudo era de uma escala tão monumental que lembrava um filme de catástrofe.

Na noite de 17 de fevereiro de 2018, a chuva torrencial que se precipitou sobre a Alunorte escorreu pelas calhas e ao longo das paredes, lavou os montes de bauxita, as vias e o estacionamento, e foi se acumulando no canto norte da fábrica, num baixio do terreno. O nível da água começou a subir. A maior parte da refinaria fica envolta pelo aterro, como num castelo medieval, visando impedir que a água contaminada escorra para a natureza. Durante a tempestade, faltou energia elétrica: a enxurrada encobriu a estação de bombeamento antes de começar a refluir. Nenhum alerta foi acionado. Ninguém tomou conhecimento.

O nível das duas enormes barragens de lama vermelha subiu igualmente rápido. Uma vez que a lama é altamente tóxica, a legislação impõe margens de segurança extremamente rigorosas. Ao longo da noite, se aproximou perigosamente do alto das paredes de terra que contêm a lama. Nos primeiros raios de sol da manhã de 17 de fevereiro, um sábado, os moradores começaram a se alarmar.

A enchente que atingiu várias casas da vizinhança da Alunorte não tinha a cor pardacenta dos rios ao redor. Era uma água avermelhada, cor de ferrugem, a mesma cor da bauxita e da lama. A notícia também começou a circular no aplicativo de mensagens WhatsApp, num grupo especialmente criado por agências governamentais para monitorar a situação ambiental de Barcarena.

Naquela manhã, por causa das mensagens compartilhadas, as autoridades tomaram uma decisão simples, que teve repercussões importantes: enviaram um helicóptero para a Alunorte, decerto ainda escaldadas pelo vazamento da Vale, em 2009, quando foram barradas no portão da fábrica. Não foram autorizadas a inspecionar o local e só conseguiram entrar na fábrica no dia seguinte. A Vale classificou o incidente de "mal-entendido". Era preciso evitar que isso se repetisse, e o mais seguro era ter a vista aérea dos danos.

A bordo do helicóptero, naquele sábado de 2018, estavam representantes da secretaria do Meio Ambiente e Sustentabilidade do Pará (Semas) e do Instituto Evandro Chagas (IEC). Mais importante ainda, crucial para determinar a extensão do incidente: os passageiros do helicóptero levavam teleobjetivas e câmeras de vídeo.

Já na segunda-feira, 19 de fevereiro, abriu-se um inquérito para investigar os eventos na Alunorte. Segundo o Ministério Público Estadual (MPE) paraense, os indícios de ilegalidades eram tão sólidos que foi criada uma força-tarefa para cuidar do caso. Na mesma tarde, três dias depois do céu desabar sobre Barcarena e dois dias depois das primeiras notícias do vazamento, a Hydro fez sua primeira declaração pública sobre o tema.[10] A empresa norueguesa limitou-se a dizer que tudo estava normal e não haviam ocorrido vazamentos das barragens de lama tóxica. Afirmou também que a água avermelhada que inundou a cidade tinha origem nos esgotos a céu aberto que correm pelas ruas de Barcarena. "Uma vez que a maior parte destas ruas não é asfaltada, a água adquire um tom avermelhado por causa do solo característico da região", argumentou a Hydro numa atitude de desdenho que resultou em críticas generalizadas.

Conversei pessoalmente com um representante do Ministério Público Federal (MPF), para quem a Hydro se sobressaía como uma empresa arrogante tanto na comunicação com o público como no trato com as autoridades. A mesma opinião, oriunda de várias instâncias, repercutiu em órgãos de imprensa noruegueses e brasileiros. Arrogância da parte de empresas estrangeiras é um comportamento que deixa os brasileiros especialmente irritados. Intencional ou não, a conduta da Hydro ajudou a agravar a situação.

Na quinta-feira, 22 de fevereiro, o IEC divulgou um relatório preliminar sobre a situação em Barcarena, incluindo a visita à fábrica da Alunorte. Para a Hydro, foi devastador. O relatório em si não dizia muito. A conclusão era de que a água da superfície na vizinhança da fábrica continha "níveis elevados de alumina e outras variantes associadas aos resíduos produzidos pela Hydro Alunorte",[11] nenhuma evidência, portanto, de ilegalidades. Mas o relatório continha imagens do interior da fábrica inundado e mostrava uma língua de água avermelhada escorrendo para o interior da mata. Visíveis também eram os vestígios da inundação nas paredes dos depósitos, "indícios de vazamento" segundo as legendas, porém sem especificar se proveniente dos reservatórios de lama vermelha ou de outras áreas. Nas mídias sociais, começaram a pipocar imagens da inundação — fotografias e vídeos feitos do helicóptero, cinco dias antes.

Ao mesmo tempo, havia nestas imagens algo muito peculiar. Tanto as fotos quanto os vídeos haviam sido editados para embasar argumentos que corroborassem com o vazamento. Se fossem ampliadas e mostrassem um pouco mais da área ao redor, ficava claro que a massa de água no interior da Alunorte estava contida pelos aterros. A área de mata inundada pela água vermelha se localizava no interior do terreno de propriedade da

Hydro, portanto dentro do raio de ação da estação de tratamento. O aterro inundado era apenas o primeiro de uma série construída para conter massas de água decorrentes de um grande volume de chuvas. A ideia era que o aterro pudesse, de fato, ser encoberto pela água, me disse mais tarde um funcionário da Hydro. Nenhum vídeo ou foto demonstrava que o sistema da Hydro foi capaz de reter a água no interior do perímetro da fábrica.

Mesmo assim, as imagens serviram para embasar declarações e argumentos enviesados que só agravaram o clima conflituoso, sinalizando também que forças poderosas estavam se movimentando do lado das autoridades brasileiras.

Em declarações à imprensa, o pesquisador Marcelo Lima, do IEC, foi além do que estava nos relatórios. Numa entrevista de grande repercussão à *BBC Brasil*, afirmou que o instituto chegou a duas conclusões: primeiro, que houve vazamento oriundo da Alunorte e a concentração de alumina nos rios era 25 vezes superior ao nível permitido pela lei — uma informação que ia de encontro à versão da Hydro, para quem os vazamentos não haviam ocorrido. Este é um ponto que logo se tornaria central na discussão e merece uma citação direta: "[...] em segundo lugar, o mais grave de tudo foi que a empresa construiu uma tubulação para lançar resíduos diretamente no meio ambiente".[12]

A Norsk Hydro foi acusada de construir um tubo que já estava ali muito antes de se tornar acionista majoritária da Alunorte. A empresa se valeu exatamente deste fato para minimizar sua responsabilidade. Ao mesmo tempo, a Hydro omitiu a informação de que era uma das controladoras da refinaria desde a década de 1990. O fato de conhecer a fábrica muito bem, aliás, foi uma das razões para que a Hydro não levasse adiante um estudo de impacto ambiental mais detalhado em 2011, quando assumiu o controle da empresa, segundo me disse um empregado.

Mas o que fazia a Hydro no Brasil, afinal? Como uma empresa norueguesa, que nasceu produzindo fertilizantes químicos e gerando energia hidrelétrica no coração da Noruega, foi parar no interior da Amazônia?

O longo caminho da Norsk Hydro até a Amazônia

A história da Norsk Hydro mais parece uma fábula. A empresa é uma das maiores da Noruega. Emprega 35 mil pessoas em 40 países, 5 mil dos quais trabalham na indústria de alumínio no Brasil.

Tudo começou com um acidente num laboratório da Universidade de Oslo. No início do século XIX, o professor Kristian Birkeland construiu um canhão eletromagnético num desdobramento de suas pesquisas sobre a aurora boreal. Ao demonstrar o equipamento para colegas acadêmicos e industriais, algo saiu errado. Um arco elétrico explodiu em chamas e quase incendiou o laboratório. A tragédia, felizmente evitada, provou-se um golpe de sorte: Birkeland descobrira uma maneira revolucionária de fabricar fertilizantes.

Alguém na plateia enxergou uma aplicação comercial para o experimento fracassado. Seu nome era Sam Eyde. Engenheiro de formação, ficou famoso como um dos grandes empreendedores de seu tempo. Junto com Birkeland, desenvolveu o que se tornaria conhecido como o método Birkeland-Eyde para capturar nitrogênio da atmosfera com o auxílio de uma poderosa descarga elétrica. O nitrogênio é um elemento fundamental na composição de fertilizantes agrícolas, e até então era extremamente caro e difícil de obter. Na época, o elemento era conhecido pelo nome de *kvelstoff*, azoto. Em 1905, nascia a Norsk Hydro-Elektrisk Kvælstofaktieselskab [Hidrelétrica e Azoto da Noruega Sociedade Anônima], fundada por Eyde com capital sueco, francês e norueguês. Durante as décadas seguintes, unidades fabris da Hydro foram surgindo nas localidades de Notodden, Rjukan e Herøya.

Para obter a eletricidade de que tanto precisava, a empresa assegurou os direitos para construir uma série de hidrelétricas, sendo a mais célebre a icônica usina de Vemork, onde a resistência aos nazistas culminou na mais espetacular ação de sabotagem da Noruega ocupada.

Se a fabricação de fertilizantes foi o marco fundador da Norsk Hydro, o alumínio foi o elemento que aproximou a empresa do Brasil. Tudo começa em Røldal, na década de 1950. A Hydro sabia, havia muito tempo, que a energia hidrelétrica não servia apenas para a produção de fertilizantes. Com as novas usinas de Røldal e Suldal, a empresa teria um grande excedente de produção energética. Ao mesmo tempo, novos cabos de alta tensão permitiam levar energia por distâncias mais longas sem perdas expressivas. Logo, não era mais necessário que as indústrias — maiores consumidoras — ficassem localizadas no interior dos fiordes, próximo às cachoeiras onde estavam as hidrelétricas. A Hydro discutiu várias possibilidades e locais para alocar seu novo investimento. A escolha recaiu sobre a ilha de Karmøy, na costa sudoeste, e o ramo escolhido foi o alumínio.

"Para a Hydro, o alumínio era um produto inteiramente novo", informa a própria Hydro na sua página na internet.[13] Quando tomou a decisão, a empresa precisou sair ao mundo para encontrar um parceiro que dominasse o processo produtivo. Duas das maiores empresa de alumínio do mundo, a canadense Alcan e a norte-americana Alcoa, eram as favoritas, mas coube ao ex-secretário-geral da ONU, o norueguês Trygve Lie, mexer os pauzinhos. Lie agia em nome do governo para atrair capital estrangeiro para a Noruega, uma missão que lhe renderia a alcunha de "embaixador do dólar".[14] A californiana Harvey Aluminum aceitou o convite e, em 1963, tinha início a construção da primeira fundição de alumínio da Hydro, em Karmøy. Dez anos depois, a Hydro assumiu o controle total da fábrica.

Na década de 1960, o país já contava com várias usinas de alumínio, uma consequência dos planos industriais elaborados pela Alemanha durante a guerra. O regime nazista queria utilizar a energia hidrelétrica norueguesa para produzir o alumínio necessário ao Terceiro Reich, e lançou as bases de uma fundição em Årdal. Antes de a fábrica ser concluída, a guerra chegou ao fim e o Stortinget decidiu seguir com o plano. Em 1948, a fábrica de Årdal começou a operar. Pouco tempo depois, uma nova indústria de alumínio foi inaugurada em Sunndalsøra, no condado de Møre og Romsdal, e assim nascia a estatal Årdal og Sunndal Verk (ÅSV). Em 1966, três anos depois que a Hydro preferiu a Harvey Aluminum em detrimento da Alcan, os canadenses adquiriram metade das ações da ÅSV[15], pavimentando o caminho da Norsk Hydro e da ÅSV para o Brasil.

Ao mesmo tempo que adquiria metade do controle da ÅSV, os geólogos da empresa canadense faziam o levantamento de uma região ao longo do rio Trombetas, na Amazônia brasileira. Dois anos depois do golpe militar, o novo governo brasileiro desejava explorar em larga escala os valiosos recursos escondidos sob a vegetação. Os resultados do Trombetas eram muito promissores: poderia ser a maior mina de bauxita do mundo, afirmavam os geólogos.

A bauxita é a matéria-prima mais importante em toda a cadeia de produção do alumínio. Às vezes é caracterizada como um tipo de solo, outras vezes como uma rocha argilosa. O nome provém da região de Les Baux, na Provença francesa, onde o mineral foi identificado pela primeira vez, no começo do século XIX. No Brasil, a bauxita é encontrada exclusivamente na Amazônia, em grandes planaltos, em regiões especialmente chuvosas, geralmente em camadas horizontais de cerca de um metro de espessura, a dez metros de profundidade. Como o solo ali é especialmente frouxo, de pouco adianta construir túneis para chegar aonde está o minério: é preciso escavar o chão.

Primeiro, elimina-se toda a vegetação ao redor. Árvores maiores são derrubadas com tratores ou motosserras. Em seguida vêm as retroescavadeiras, que se encarregam de remover do caminho qualquer vestígio de flora, rasgando o solo com suas enormes garras de ferro. Arbustos, gramíneas e flores são feitos em pedaços e com isso destroem-se os hábitats de todas as espécies animais. Depois disso, é preciso remover toda a terra até dez metros de profundidade, um processo que requer escavadeiras enormes e um vaivém infinito de caminhões carregados. A camada de bauxita exposta é então escavada e transportada para o beneficiamento em carrocerias de caminhões ou sobre esteiras de transporte.

O que surge no lugar é uma paisagem marciana. Crateras e montanhas de um solo avermelhado que se estendem por quilômetros. Exceto pelos esporos fúngicos no ar, algumas sementes carregadas pelo vento e um ou outro inseto desgarrado, a biodiversidade é reduzida praticamente a zero. A extração de bauxita continua sendo assim até hoje.

Felizmente, o Brasil impõe requisitos rigorosos para o replantio quando o ciclo de mineração chega ao fim. Hoje, a Hydro trabalha para restabelecer a vegetação em torno das suas minas. No entanto, reconstituir uma floresta tropical que um dia existiu, se é que é possível, requer muito, muito tempo.

Dilemas ambientais não constavam da pauta do regime militar brasileiro na década de 1960. O principal problema da Alcan era a legislação, que proibia empresas estrangeiras de possuir propriedades de mais de 500 hectares. No Trombetas, os canadenses estimaram que a fábrica deveria ter uma área mais de cem vezes maior. Depois de muita pressão externa, a lei foi finalmente alterada, e anos depois a Alcan se tornou proprietária de 87 mil hectares às margens do rio Trombetas, uma área que tem quase o dobro do tamanho de Oslo.

Os trabalhos podiam começar, mas uma mina não surge da noite para o dia. Os depósitos de bauxita estavam sob a densa copa das árvores, longe de instalações portuárias, estradas ou ferrovias. Os primeiros operários, que chegaram ao local a bordo de barcos de pequeno porte, derrubaram e atearam fogo à mata para construir uma pista de pouso. Em seguida, máquinas, ferramentas e um batalhão de 550 operários foram transportados por via aérea para desmatar uma área ainda maior e construir alojamentos, ferrovia, porto e as instalações da mina propriamente dita. Quando a primeira fase do projeto finalmente ficou pronta, em 1972, o caixa da empresa secou.[16]

Além disso, a Alcan tinha um outro problema. Empresas de capital estrangeiro não podiam operar as minas sozinhas, era preciso que tivessem um sócio brasileiro. A solução foi convidar uma série de outras empresas aluminíferas para integrar um consórcio, e nesta hora os contatos da Alcan na Noruega se provaram de enorme valor.

Em 1970, a Noruega contava com dois produtores de alumínio: a grande ÅSV e a pequena Hydro. Ambas tinham planos de abrir filiais no exterior, e ambas queriam vir para o Brasil.

— Tanto a ÅSV como a Hydro só tinham fundições. As duas sabiam que para crescer era preciso retroceder na cadeia de valor. Garantir o acesso à matéria-prima — me disse Harald Martinsen quando o conheci. O veterano funcionário da Hydro, já falecido, foi durante anos o responsável pelas operações no Brasil. Ingressou na empresa no começo da década de 1980. As carreiras são longevas na Hydro. Martinsen me explicou em detalhes como a aventura industrial na floresta foi tomando forma.

— A bauxita é encontrada em países de clima quente, em ambos os hemisférios. Na década de 1970, o Brasil era um dos *Big Three* em depósitos do minério. Os outros eram a Guiné, na África Ocidental, e a Jamaica — disse ele.

Os trabalhistas, que governavam a Noruega na época, tinham boas relações com os jamaicanos, portanto seria natural que os noruegueses operassem minas na Jamaica. As descobertas no Brasil, feitas pela Alcan, que também atuava na Noruega, ocorreram justamente quando as empresas norueguesas buscavam chegar à base da cadeia de valor e se internacionalizar. Quando o projeto Trombetas ficou sem recursos, tanto a ÅSV como a Hydro foram convidadas a participar.

Em 11 de junho de 1974, a Alcan assinou um contrato com outras seis companhias mineradoras, entre elas Norsk Hydro, ÅSV e a estatal brasileira Vale do Rio Doce. Ambas as empresas norueguesas injetaram 3,5 milhões de dólares no projeto e passaram a deter cinco por cento das ações do consórcio Mineração Rio do Norte (MRN). A Alcan e a Vale do Rio Doce eram as acionistas majoritárias, mas o projeto não saiu do papel.

Construir um complexo de mineração no meio da selva tropical se provou muito mais dispendioso que o previsto. O orçamento original de 60 milhões de dólares rapidamente se esgotou e, diante de projeções que indicavam um valor seis vezes maior, a MRN teve que recorrer aos cofres do Estado. Felizmente — para as empresas —, não havia problemas insolúveis no Brasil da ditadura militar. A Amazônia precisava ser industrializada, o regime já havia decidido. Era preciso explorar os recursos naturais, construir estradas, salvaguardar as fronteiras e fazer a economia crescer. O governo faria o que fosse necessário, custasse o que custasse. E custou.

Em 1970, por exemplo, começavam as obras do grandioso projeto da Transamazônica. Alguns anos mais tarde, foi a vez da enorme hidrelétrica de Tucuruí, a fim de abastecer de energia as futuras siderúrgicas e fábricas. No Rio de Janeiro, começavam as obras da ponte de 13 quilômetros ligando a antiga capital a Niterói. Ao mesmo tempo, o primeiro reator nuclear do Brasil entrou em operação, enquanto Itaipu, então a maior usina hidrelétrica do mundo, era construída na fronteira com o Paraguai. O objetivo do regime era inscrever, finalmente, o Brasil na lista das grandes nações do mundo, e a mineração na Amazônia era parte desta estratégia.

A maioria destas iniciativas contava com o financiamento do antigo Banco Nacional de Desenvolvimento Econômico (BNDE), inclusive as empresas Borregaard Brasil e Aracruz, de Erling Lorentzen, que discutiremos no próximo capítulo. A dinheirama, entretanto, não cairia do céu. Originada em empréstimos contraídos pelo Brasil em bancos e instituições financeiras internacionais, resultou na maior dívida externa do mundo, uma bomba que explodiu na década de 1980 e levou o País à bancarrota.

Para a Hydro e a ÅSV, no entanto, a questão era outra. As duas fizeram o que faz toda empresa que ambiciona crescer: garantiram o acesso à matéria-prima, o que lhes possibilitou crescer no longo prazo em segurança, uma vez que o preço dos insumos não teria mais tanto impacto na cadeia produtiva. Se havia algo que tirava o sono das indústrias após a crise do petróleo, no início da década de 1970, eram as commodities.

Impasses ambientais, consideração pela população local e respeito à democracia não tinham o peso que hoje podem ter. Na melhor das hipóteses, eram fatores alheios à responsabilidade das empresas. O presidente da ÅSV e político trabalhista Gunnar Alf Larsen, por exemplo, afirmou que a "estabilidade" oferecida pela ditadura brasileira foi determinante para a empresa participar do projeto Trombetas.[17]

— A década de 1970 era um outro tempo — recorda-se Harald Martinsen, uma afirmação que diz respeito também ao investimento de empresas norueguesas no exterior. Havia muito pouco na imprensa sobre a atuação da Hydro e da ÅSV na Amazônia. Tampouco houve, no debate público norueguês, uma discussão mais abrangente sobre a atuação internacional das duas, mas tudo isso seria bruscamente interrompido em 1979, quando os jornalistas Dan Børge Akerø e Per Erik Borge chegaram ao Trombetas de barco, disfarçados de caçadores. Os repórteres foram convidados a conhecer a fábrica e conversaram sobre o sentimento de "irmandade germânica" que os unia ao chefe das operações da mina de bauxita, um cidadão alemão. Depois, os dois jornalistas conversaram bastante com líderes industriais noruegueses no Rio de Janeiro, sem, no entanto, revelar o que faziam ali. A gentileza e a hospitalidade com que foram recebidos se transformaria mais tarde em pura e simples hostilidade, quando foi publicado o livro *Norge i Brasil — Militærdiktatur, folkemord og norsk aluminium*.[iv] Nele, a Hydro, a ÅSV e os políticos responsáveis não eram poupados. O assunto se agigantou de tal maneira que foi objeto de debates acalorados no plenário do Stortinget.

A obra apontava uma relação muito próxima entre industriais noruegueses e o regime militar brasileiro, uma relação que começara ainda na década de 1960. Mais que qualquer outro, um homem foi o responsável por estabelecer contatos e criar as condições para as empresas norueguesas que quisessem se aventurar pelo País. Sem ele, a história da relação entre a Noruega e o Brasil seria outra.

---

iv *A Noruega no Brasil — Ditadura militar, genocídio e alumínio norueguês*. (NdoT)

O aventureiro Erling Lorentzen

Depois da Segunda Guerra Mundial, grande parte da relação entre a Noruega e o Brasil passou a girar em torno de uma pessoa: Erling Lorentzen. Como *Askeladden*, o personagem borralheiro do conto de fadas infantil, o filho do armador e herói da resistência durante a ocupação nazista casou-se com a princesa Ragenhilda e se mudou para o Rio de Janeiro em 1953. Ali, ele e a família construíram um império empresarial, cinquenta anos depois que o avô Hans Ludvig deixou o País.

Naquela época, o Brasil era um país escanteado no imaginário norueguês. Pelé e Garrincha ainda não tinham extasiado o mundo com seus dribles. A bossa nova ainda não tinha conquistado o mundo, e as revistas ainda não estampavam as fotos em cores do esplendoroso Carnaval carioca. Para a maior parte dos noruegueses, o País era associado apenas ao café. Então, por que o Brasil?

Erling Lorentzen me recebeu em sua espaçosa mansão no final de uma rua sem saída, em Oslo. "Erling S. Lorentzen, Norte Development Corporation A/S" lê--se numa placa de alumínio afixada no muro que cerca a propriedade. A empresa recebeu o mesmo nome do vapor que Hans Ludvig construiu antes de emigrar para a América do Sul, em fins do século XIX. Sou recebido na sala e ouço Lorentzen discorrer sobre o avô e sobre o pai, Øyvind, que viveu no Brasil até completar dezesseis anos e retornou à Noruega para concluir os estudos. Erling nasceu em Oslo, em 1923.

— Papai sempre se referia ao Brasil como *the country of the future*. Crescemos ouvindo isso — diz Lorentzen.

"Brasil, país do futuro". Uma expressão que se popularizou no imaginário brasileiro, embora poucos saibam de onde surgiu. A origem é um livro de mesmo nome, de autoria do austríaco Stefan Zweig, que se exilou em Petrópolis (RJ) para escapar dos nazistas durante a Segunda Guerra Mundial. Mais tarde, a malandragem brasileira se encarregaria de acrescentar um pouco de autoironia à expressão: *o Brasil é o país do futuro — e sempre será*.

Para Lorentzen, o Brasil foi um sucesso instantâneo. No início da década de 1950, a família Lorentzen operava o transporte de gás para o País e surgiu a chance de adquirir a divisão brasileira de gás da norte-americana Esso. O Brasil tinha uma população enorme e passava por um rápido processo de urbanização. Era questão de tempo até a demanda pelo gás doméstico disparar, conforme Lorentzen acertadamente anteviu. A responsabilidade pela estruturação dos negócios recaiu sobre o jovem Erling. Pergunto a ele como a família real reagiu ao plano de se mudar com a princesa Ragenhilda para o Brasil.

— De fato, ela era a primeira princesa nascida na Noruega em 600 anos — responde ele sorrindo, deixando implícito que a reação não foi exatamente positiva. Mas Ragenhilda era mulher, e o primeiro na sucessão real era seu irmão caçula, Haroldo, portanto o casal foi autorizado a viajar.

A chegada ao Brasil foi difícil. Lorentzen não conhecia a indústria do gás, não estava tão familiarizado com o Brasil e não falava português. Mesmo assim, a empresa de gás foi um sucesso imediato. Lorentzen construiu uma das maiores empresas do ramo, que após uma série de fusões e aquisições passou a se chamar Supergasbras e está presente em cada esquina das maiores cidades brasileiras.

— Administrei a empresa por dezenove anos até vendê-la. Quando a assumi, tinha 50 mil clientes. Quando me desfiz dela, eram dois milhões. Neste ínterim fiz outras coisas, algumas na companhia do meu amigo Zé Batista. Já ouviu falar dele? — pergunta Lorentzen.

Zé é como ele se refere a Eliezer Batista, mais tarde ministro das Minas e Energia durante a ditadura. Lorentzen o conheceu quando o brasileiro chefiava a Vale do Rio Doce, a gigante estatal da mineração que mais tarde se associaria à Hydro e à ÅSV na região amazônica. Batista era, sem sombra de dúvidas, um dos grandes industriais do Brasil, embora hoje talvez seja mais conhecido como pai de Eike Batista, dono de um império que ruiu na maior falência da história do País, em 2013.

— O Zé Batista queria transportar lascas de madeira do Brasil para o Japão para fabricar celulose lá — diz Lorentzen. Batista reparou que os navios que transportavam minério para o Japão não zarpavam inteiramente carregados e quis aproveitar esse vazio no lastro. O armador Lorentzen explicou-lhe que era impossível. O vazio era justamente para manter os navios estáveis e flutuando. Além disso, o minério e as aparas de madeira tinham diferentes locais de carga e descarga, e o minério poderia contaminar a madeira durante o transporte. Lorentzen lhe perguntou por que, em vez disso, não construir uma fábrica de celulose no Brasil. Assim nasceu a Aracruz.

Eu sabia que Erling Lorentzen tinha bons contatos no Brasil, mas a intimidade com que tratava as pessoas mais ricas e influentes do País foi uma novidade para mim. Ao longo da entrevista, estas surpresas foram se descortinando uma atrás da outra.

Para ser rentável, uma fábrica de celulose precisa ser grande. Uma fábrica de grande porte produzia, naquela época, em torno de 250 mil toneladas por ano, mas Lorentzen não se contentava com pouco: construiu uma fábrica capaz de produzir 400 mil toneladas de celulose. Em 4 de setembro de 1978, a Aracruz, maior produtora de celulose do mundo à época, era inaugurada oficialmente. Quem cortou a fita cerimonial foi ninguém menos que o presidente do Brasil, general Ernesto Geisel.

— Me reuni com o Geisel outras vezes — revela Lorentzen em voz baixa quando lhe pergunto sobre o ditador brasileiro. — Ele me disse: "Você não faz ideia de quantas vezes nós, no governo, discutimos se devíamos apoiar aquele norueguês maluco que insiste em construir uma fábrica de celulose".

Fazer funcionar a maior fábrica de celulose do mundo demanda uma quantidade proporcionalmente grande de fazendas e troncos de eucalipto, uma empreitada que não é exatamente de baixo custo. Lorentzen apostou tudo o que possuía e muito mais. Mesmo assim, foi o BNDE quem financiou a maior parte do investimento. "Marcus Viana era o chefe do BNDE naquele tempo. Ele me disse que, se eu não conseguisse financiamento em outro lugar, poderia contar com ele", diz Lorentzen. A fábrica custou 650 milhões de dólares em 1975, o que corresponderia hoje a cerca de 18 bilhões de reais.[18] O BNDE financiou 40% do total.

O projeto de Lorentzen foi extensamente debatido no governo, e por fim o BNDE concordou em avalizar a empreitada. O banco extrapolou todos os limites de financiamento e assunção de risco para viabilizar a existência da Aracruz, o que não teria acontecido não fosse a boa relação pessoal de Lorentzen com o presidente da República, o ministro do Planejamento e a diretoria do BNDE. Como enfatiza Stig Arild Pettersen, biógrafo de Lorentzen, a relação de dependência era mútua: "Sem Erling Lorentzen, uma das maiores fábricas de celulose do mundo simplesmente não existiria".[19]

O BNDE jamais voltou a ver a cor daqueles bilhões. O empréstimo virou pó durante o regime militar, um período de inflação galopante, que deu à Aracruz condições inimagináveis de quitar a dívida. O negócio foi excelente para a Aracruz, mas péssimo para os cofres do Tesouro e para a maioria dos brasileiros.

Não foi apenas a Aracruz quem usufruiu dos contatos de Erling Lorentzen. Empresário de sucesso e cunhado do rei Olavo (1903-91), era natural que a pequena colônia norueguesa no Rio de Janeiro orbitasse em torno de Lorentzen no pós-guerra. Com suas boas conexões no setor produtivo e na política, ele abria portas para as empresas norueguesas que desejavam se instalar no Brasil. Uma delas foi a Borregaard.

Na década de 1960, a Borregaard era uma gigante no ramo do papel e celulose na Noruega, e suas ambições tampouco eram pequenas. Com Erling Lorentzen atuando como consultor, a empresa iniciou a construção de uma enorme fábrica de celulose em Porto Alegre, não muito distante de onde Hans Ludvig Lorentzen fixara residência oitenta anos antes. O projeto foi um fracasso. Chama atenção, neste caso, o papel desempenhado pelo Estado norueguês. A Borregaard sabia que o risco no Brasil era muito alto. A empresa não estava nem um pouco preocupada com fatores como democracia ou direitos humanos; o que temia de fato era a nacionalização de ativos estrangeiros por parte do regime militar. Por isso, pediu garantias para o investimento que estava disposta a fazer. O pedido foi objeto de um intenso debate parlamentar em que o governo da Noruega, por meio do ministro do Comércio, Kåre Willoch, bancou o risco da maior parte do valor investido.

Na prática, a Borregaard era uma aposta do Estado norueguês no Brasil sob a ditadura militar. Os bancos Kredittkassen e DnC também participaram da empreitada, mas o investidor principal, mais uma vez, foi o BNDE.[20]

A Indústria de Celulose Borregaard abriu as portas em 1972. Um ano depois, sob a presidência de Erling Lorentzen, foi fechada pelas autoridades. O motivo foram repetidas violações da legislação ambiental. A Borregaard despejava os resíduos tóxicos da produção numa lagoa ao lado da fábrica. Além disso, o mau cheiro da celulose se espalhava pelos arredores e tornava um inferno a vida de quem vivia ao redor.

Na Noruega, a expressão "cheiro de mexilhão" se tornou corriqueira por causa do fedor de esgoto que emanava de uma fábrica de celulose. Em Trondheim, cidade onde vivi a infância, sentíamos o mesmo odor pestilento no entorno da fábrica de papelão da Norske Skog, em Ranheim. Em Porto Alegre, as duas matérias-primas utilizadas na fábrica de celulose eram eucalipto e acácia, duas espécies vegetais que tornam o mau cheiro ainda pior. A fábrica foi construída com uma tecnologia ultrapassada, sem filtros para reter o odor dos gases. O historiador industrial sueco Per Gundersby afirma categoricamente que a solução técnica utilizada "resultava obviamente num enorme fedor escapando pela chaminé".[21]

A derrocada da Borregaard foi acelerada pelo vento e pelo relevo. Gundersby escreve que "do outro lado da lagoa viviam os habitantes mais ricos de Porto Alegre, numa área de mansões. Os ventos fortes espalhavam o odor até lá, resultando num experiência até então inédita para a elite porto-alegrense". A reação veio na forma de uma onda de protestos contra a Borregaard e a prefeitura: cartas indignadas, músicas de protesto sendo tocadas nas rádios e fotos de crianças com doenças respiratórias estampadas nos jornais. Ignorar a legislação ambiental não foi exatamente a razão da ruína da Borregaard. A empresa só ficou mesmo em maus lençóis quando o cheiro de merda começou a invadir as residências mais abastadas da capital gaúcha. Depois de alguns meses, a fábrica ainda foi autorizada a reabrir, mas na prática a Borregaard foi expulsa de Porto Alegre. Em 1975, a empresa se desfez das últimas ações que detinha.

A Borregaard tem uma opinião diferente sobre a questão. "O projeto no Brasil foi bem-sucedido e lucrativo", me respondeu a diretora do departamento de comunicação da empresa, Tone Horvei Bredal, quando a questionei. Ela se refere ao livro *Foredlet virke*,[v] que conta a história da Borregaard.[22] Os autores acreditam que o problema da empresa foi de natureza política, e põem a culpa num jogo de interesses entre os dois países. Na Noruega, a indústria madeireira receava que as vendas fossem fracas, enquanto o movimento sindical temia a perda de empregos. No Brasil, o pretexto do fechamento foi mais complicado do que davam a entender as informações que vinham a público. Não era só uma questão

---

v *Trabalho refinado, inédito no Brasil.* (NdoT)

ambiental nem envolvia apenas o mau cheiro, segundo o livro: "[...] a campanha eleitoral para o governo e a falta de empenho para pagar comissões a empresários e políticos locais, que ficaram sem sua fatia do bolo, selou o destino da empresa". A principal razão para o fechamento, diz o livro, foram "inconsistências" no preço da celulose. Os brasileiros diziam que a Borregaard embolsava todo o lucro e deixava em troca um rastro de poluição e problemas ambientais.

Nada novo por aqui. No caso da Norsk Hydro em Barcarena, fatores como distribuição dos lucros, injustiça social, campanha eleitoral e rumores sobre corrupção ajudam a explicar por que a situação chegou ao ponto em que chegou.

Muito disso é real. Infelizmente, a corrupção é um problema crônico na política brasileira, sobretudo durante os períodos de campanha eleitoral, mas a justificativa soa um tanto fora de propósito. Tudo isso já era conhecido quando estas empresas resolveram se estabelecer no Brasil, e o que se espera delas é que sejam responsáveis e éticas mesmo quando navegam em águas turvas. Acredito que a Borregaard é a principal responsável pelo fim das suas atividades no Brasil. É bem possível que o projeto tenha sido "bem-sucedido e lucrativo" para a empresa, mas este cálculo não leva em consideração o passivo ambiental e a má distribuição de renda no País. Pode-se também considerar o episódio um exemplo de exportação de problemas ambientais para países com leis mais permissivas, e um exemplo igualmente clássico de acordos para garantir o investimento privado no estrangeiro às custas dos contribuintes. Diante destas premissas, não é preciso muito para angariar a antipatia de moradores e políticos locais.

No caso da Borregaard, foi exatamente isso o que aconteceu. No caso da Hydro, trinta anos depois, ficou claro que os próprios noruegueses contribuíram para a manutenção de práticas políticas condenáveis.

A historiadora brasileira Elenita Malta Pereira estudou em detalhes o caso Borregaard. Para ela, é um bom exemplo de como as questões ambientais eram tratadas pelo regime militar. A obsessão dos militares era o "desenvolvimento", definido estritamente como rápido crescimento econômico a qualquer custo. Questões ambientais vinham bem atrás na lista de prioridades, se é que chegavam a ser ponderadas. Todo o caso Borregaard foi marcado por "censura e autoritarismo", segundo a historiadora. A fábrica de celulose foi imposta à população local sem maiores esclarecimentos ou discussões. Somente depois de iniciada a produção, ambientalistas, setores da imprensa e alguns políticos "começaram uma luta intensa para romper o silêncio". Desta forma, conseguiram implementar soluções ambientais mais efetivas, e dali surgiram as sementes do que se tornaria um ativo movimento ambiental no Brasil.[23] O líder da campanha contra a Borregaard chamava-se José Lutzenberger. Em 1990, ele se tornou o primeiro ministro do Meio Ambiente da história do Brasil.

Erling Lorentzen atuou como presidente da Borregaard Brasil quando a luta contra a fábrica estava no auge. Ele me disse que "aprendeu muito" com o caso. Na sua biografia, *Vilje og motstand*,[vi] ele vai ainda mais longe. Diz que os administradores da Borregaard consideravam o Brasil um país subdesenvolvido no qual poderiam agir como bem entendessem. Comportavam-se de maneira completamente diferente do que fariam se estivessem na Noruega, "quase como senhores coloniais". No livro, Lorentzen afirma que a aventura da Borregaard foi um exemplo de como não fazer negócios no Brasil.[24]

Para mim, é difícil tomar esta afirmação ao pé da letra. Lorentzen era o conselheiro mais importante da empresa quando a Borregaard se estabeleceu no País. Ocupava o cargo de presidente do conselho, e poderia muito bem demonstrar na prática seu compromisso ambiental pelo modo como a empresa era administrada. A pergunta é pertinente: por acaso ele conseguiu evitar os mesmos erros na Aracruz?

Também no caso da Aracruz as questões ambientais permearam a atuação da empresa. Paralelamente à construção da fábrica, Lorentzen comprou glebas enormes de mata virgem e plantações de eucalipto no interior da Bahia. A vegetação nativa foi derrubada e deu lugar a novas plantações de eucalipto. Com a retomada da democracia e a crescente conscientização ambiental,

---

[vi] *Vontade e resistência*, inédita no Brasil. (NdoT)

as críticas não demoraram a surgir. "Deserto verde" foi como o movimento ambiental chamou as plantações, criticando o desmatamento, o consumo excessivo de água e a devastação da fauna. Além disso, ativistas chamaram a atenção para a poluição do ar e da água resultantes da produção de celulose. Na véspera da Conferência das Nações Unidas sobre o Meio Ambiente e o Desenvolvimento, realizada em 1992, no Rio de Janeiro, os portos da Aracruz foram bloqueados pelo Greenpeace com o navio *Rainbow Warrior*, num protesto contra a transformação da vegetação nativa em fazendas de eucalipto e a poluição de rios e mares pela indústria da celulose.

Foram os protestos dos povos indígenas, porém, que causaram o maior impacto em Lorentzen e na Aracruz. Os Tupiniquim e os Guarani alegaram que foram obrigados a abandonar as terras que tradicionalmente ocupavam quando Lorentzen as adquiriu. Brandindo a nova Constituição, eles exigiam retornar para o lugar de onde tinham sido expulsos. A resposta de Lorentzen foi seca: "Adquirimos as terras da União e de proprietários particulares. Registramos devidamente as escrituras e podemos provar que fizemos tudo dentro da lei", disse ele ao *Dagens Næringsliv*.[25]

O conflito só terminou quando a Aracruz assinou um acordo com os indígenas e o governo federal assegurando a devolução de parte das terras e o pagamento, ao longo de vinte anos, de uma considerável soma.

— Mas fiz questão de impor uma condição muito clara — disse Lorentzen quando conversamos. — Eliminei do acordo termos como "devolução" ou "compensação". Não demos aos índios terras que tiramos deles ilegalmente, e o dinheiro não era compensação alguma por uma terra que adquirimos legalmente.

As autoridades e o Judiciário brasileiros enxergaram a questão de outra maneira. Em 2007, a Aracruz foi forçada a devolver 11 mil hectares de terra a grupos indígenas depois que o então ministro da Justiça, Tarso Genro, interveio pessoalmente na questão. A Aracruz aceitou a decisão desde que fosse definitiva, sem possibilidade de recursos em outras instâncias. Na imprensa norueguesa, o caso foi tratado como "uma grande derrota para o empresário e sogro do rei, Erling Lorentzen".[26]

Em 2009, Lorentzen vendeu sua parte na Aracruz. A empresa foi fundida com sua principal concorrente, a Votorantim, e se tornou o conglomerado de papel e celulose Fibria. Tanto para os povos indígenas como para o movimento ambientalista brasileiro, a Aracruz até hoje evoca péssimas lembranças. A empresa se transformou, por diversas razões, numa espécie de símbolo de desastres ambientais e descaso pelos direitos dos povos indígenas. Para alguns, a Aracruz é também a encarnação do investimento estrangeiro predatório.

A empresa provavelmente chamava mais atenção do que gostaria pelo fato de pertencer a Lorentzen e estar associada à família real norueguesa. A Aracruz tornou-se um espantalho que unificava e atraía a ira de diversos setores da sociedade brasileira. Pode parecer injusto, mas a Aracruz só veio ao mundo devido aos mesmíssimos motivos. Estar próximo da realeza deve ter sido uma enorme vantagem para Lorentzen no Brasil das décadas de 1960 e 1970. É pouco provável que ele ascendesse ao topo da elite brasileira — política e econômica — não fosse por ser casado com uma princesa. Os empréstimos bilionários do BNDE não surgiram do nada.

Na política e nos negócios, a imagem da Aracruz é provavelmente bem diferente da que delineei neste livro. Para muitos nestes segmentos, a empresa é uma espécie de estrela-guia. Lorentzen trabalhou ativamente para aumentar a consciência ambiental na indústria de celulose, e a Aracruz foi a primeira empresa de processamento de madeira listada no índice de sustentabilidade da Bolsa de Nova York. No Brasil, recebeu vários prêmios ambientais.

Como cenários tão diferentes podem conviver? Creio que o biógrafo de Lorentzen toca num ponto central quando menciona "visões de mundo diferentes".[27] Grande parte das contradições giravam em torno do que era mais importante: lucro e empregos, ou meio ambiente e direitos humanos? No Brasil da ditadura militar, a prioridade se restringia a tudo que dissesse respeito ao crescimento econômico. Quando a democracia chegou, outros valores ganharam importância.

Na sua mansão em Huseby, Lorentzen menciona o batismo de um navio no Rio de Janeiro, em 1967. "O rei Olavo estava presente quando batizamos nosso primeiro navio. Chamava-se *Norsul*. A senhora Costa e Silva foi a madrinha", diz ele.

A senhora Costa e Silva não era uma pessoa qualquer, mas a esposa do general Artur, que naquela época governava o país com mão de ferro. O rei Olavo encontrou-se pessoalmente com o ditador durante a visita que fez ao Brasil. Costa e Silva, feito presidente por uma junta militar, é hoje mais conhecido por sua intransigência diante de qualquer oposição política. Liderou o País no período mais obscuro da sua história, quando opressão, perseguição, tortura e assassinato eram eventos corriqueiros. Eram os *Anos de Chumbo*.

Em 1968, um ano depois do rei Olavo ser recebido pelo presidente diante do Congresso, em Brasília, Costa e Silva impôs o infame AI-5, que fechou aquele mesmo Congresso, proibiu os partidos políticos e institucionalizou a repressão. Foi sob a presidência de Costa e Silva que o regime militar se transformou de fato numa ditadura.

Erling Lorentzen construiu seu império exatamente neste período. Comprou grandes extensões de terra para suas plantações. Obteve bilhões em empréstimos do BNDE, com aprovação das autoridades militares, para que pudesse construir a maior fábrica de celulose do mundo.

Lorentzen sempre defendeu o golpe militar, argumentando que era necessário para conter o comunismo e pôr as finanças em ordem. São exatamente os mesmos argumentos de que se valia o regime para se legitimar. Lorentzen chegou a comparar a quartelada de 31 de março de 1964 com o 8 de maio de 1945, dia da libertação da Noruega da ocupação nazista.

Mais tarde se soube que Lorentzen e líderes do partido *Høyre*[vii] [Direita], defendendo interesses do regime militar brasileiro, coordenaram uma campanha para influenciar o Comitê do Prêmio Nobel da Paz, em Oslo. A campanha visava a torpedear a candidatura de um dos favoritos, o arcebispo dom Hélder Câmara, a fim de que os militares não retaliassem, prejudicando os interesses comerciais noruegueses. Os militares, por sua vez, temiam que o prestígio do prêmio prejudicasse a imagem do País no exterior. Dom Hélder nunca recebeu o Nobel da Paz.

Em 1967, Lorentzen foi o anfitrião da comitiva real norueguesa em visita ao Brasil sob a ditadura, uma vitória e tanto para o regime, "servida aos militares numa bandeja de prata", como se lê na biografia de Lorentzen.[29]

---

vii Os partidos políticos noruegueses não têm nomes de fantasia, o que pode causar certa estranheza ao leitor brasileiro. *Direita, Popular Cristão, Centro, Esquerda, Trabalhista, Ambientalistas Verdes, Esquerda Socialista* e *Vermelho*, aqui listados pela ordem que preenchem o espectro ideológico, dizem a que vem pela maneira como são chamados. A exceção é o *Partido do Progresso*, de extrema-direita. (NdoT)

Nestes anos, Lorentzen era a personificação da Noruega no Brasil, e aproveitava este destaque para apresentar líderes empresariais noruegueses ao País e à sua elite. Uma dúvida me vem à mente quando reflito sobre o assunto: a qual Brasil e quais pessoas ele fazia estas apresentações?

Com a Aracruz e a Borregaard, a presença da Noruega esteve fortemente associada à celulose e à exploração florestal durante a ditadura. As fábricas da Hydro, Årdal e Sunndal estavam envolvidas no desmatamento e na mineração na região amazônica. Logo, a participação da Noruega em qualquer iniciativa ambiental era feita por intermédio de empresas privadas. Todas elas foram — com razão — acusadas de descumprir ou explorar brechas na legislação ambiental, uma conduta que jamais adotariam caso estivessem operando no seu país de origem. Desta forma, o compromisso ambiental da Noruega no Brasil ficou manchado pela hipocrisia.

A situação hoje em dia seria por acaso diferente? No caso do vazamento de Barcarena, por exemplo, a adoção de critérios ambíguos não estaria no cerne do problema?

A vingança: a Hydro no centro da arena política

Uma semana depois da chuva torrencial de fevereiro de 2018, a Hydro se viu arrastada para uma situação extremamente delicada. A empresa havia assegurado que todas as operações transcorreram sem intercorrências e nenhum vazamento ocorrera dos depósitos de lama vermelha da Alunorte, mas fotos e vídeos da fábrica inundada começaram a aparecer nas redes sociais. O pesquisador Marcelo Lima, do Instituto Evandro Chagas, afirmou em entrevista coletiva que a Hydro havia contaminado a água potável da cidade. Para a Hydro, o pior foram as fotos de uma tubulação de cimento deixando escorrer um líquido avermelhado, bem como vídeos mostrando uma água represada cor de ferrugem, induzindo à conclusão de que a lama teria subido a ponto de encobrir os aterros de proteção. A reportagem da *BBC Brasil* que circulou pelo mundo inteiro ajudou a impulsionar esta tese. Na manchete, lia-se: "Mineradora norueguesa tinha 'duto clandestino' para lançar rejeitos em nascentes amazônicas".[30] A matéria era ilustrada com imagens feitas a partir do helicóptero que transportou as equipes do IEC e da Semas.

Depois do relatório do IEC e de uma série de reportagens particularmente negativas e até agressivas na mídia brasileira, a Hydro adotou uma nova estratégia. A empresa admitiu que houve, sim, vazamentos. Segundo a Hydro, o "duto clandestino" mencionado pela *BBC* datava da época da construção da fábrica e estava localizado bem longe do depósito de lama vermelha, conforme mostram claramente mapas e imagens de satélite. Mesmo assim, a empresa reconheceu que o duto de concreto não estava adequadamente selado e permitiu que a enxurrada escorresse para uma área onde estão as nascentes do rio Murucupi. Embora o volume vazado não fosse grande, era uma revelação muito séria. Aquele duto e dois outros descobertos durante as inspeções foram imediatamente selados. A empresa também realizou uma auditoria interna e se comprometeu a distribuir água potável para moradores das áreas residenciais vizinhas. Na imprensa, a imagem que a Hydro procurou transmitir foi de uma empresa mais humilde, mas o estrago já estava feito.

A mídia brasileira, tanto a tradicional como as redes sociais, queria sangue. Com poucas exceções, todos estavam convencidos de que a Hydro não só deixou escapar lama vermelha tóxica das suas barragens como tentou abafar o caso. Na sexta-feira após a chuva fatídica, a Semas acenou com sanções caso as margens de segurança dos depósitos de lama não fossem respeitadas. Concretamente, a medida exigia que a Hydro garantisse um metro de bordo livre, como rezava a licença ambiental, isto é, o nível dos rejeitos no depósito não poderia chegar a um metro de distância da borda superior dos aterros. Por causa das chuvas, a distância agora era consideravelmente menor, e a Hydro teria até sexta-feira, 26 de fevereiro, para resolver o problema. Nos bastidores, os políticos brasileiros brandiram armas. Em Brasília, o ministro do Meio Ambiente, Sarney Filho, preparou-se para dar uma entrevista à *TV Globo*.

Ao mesmo tempo, o assunto chegou à Noruega. O primeiro a noticiá-lo foi o *Aftenposten*, maior jornal norueguês, com a manchete "Empresa controlada pela Hydro é acusada de vazamento tóxico no Brasil". O jornal informou que havia suspeitas de contaminação da água potável.[31] Pouco depois, o site da emissora pública *NRK*, nrk.com, levou ao ar quase a mesma manchete: "Empresa controlada pela Hydro é suspeita de vazamento tóxico no Brasil".[32] Em ambas as matérias, a *BBC Brasil* era a principal fonte. Depois disso, o *Dagens Næringsliv* publicou sua versão, sob a manchete "Hydro acusada de vazamento ambiental no Brasil".[33]

Os três órgãos de imprensa entrevistaram o diretor de informações da Hydro, Halvord Molland. Ele lamentou o vazamento do duto de concreto mencionado pelo IEC e pela *BBC*, mas ao mesmo tempo disse ao *Aftenposten* que não houve vazamentos. A declaração era contraditória: "Não encontramos nenhum vestígio de vazamentos da Hydro Alunorte", disse Molland, que obviamente não considerava o líquido que escorreu pelo duto de drenagem um "vazamento".

Nos dias intensos que se seguiram, a Hydro não economizou em declarações obscuras deste tipo. À *NRK*, Molland disse que "não conseguimos estabelecer as evidências necessárias para demonstrar que houve vazamentos da fábrica, algo que tampouco as várias inspeções [...] conseguiram fazer". Vale a pena notar, neste caso, como a empresa se comporta diante da questão do ônus da prova. Até que ponto é relevante o fato de que a Hydro não conseguiu provar que teriam ocorrido um ou mais vazamentos? Não seria mais interessante se conseguissem provar o oposto?

Ao *Dagens Nærlingsliv*, Molland evitou responder diretamente à pergunta se a Hydro assumiria a culpa de um vazamento ou de alguma conduta ilegal. Em comunicados à imprensa, a empresa reiterou que não houve vazamentos dos depósitos de lama vermelha e evitou mencionar o vazamento do duto de drenagem.

A Hydro esperava que o caso terminasse ali. Escândalos ambientais ocorridos anteriormente na Amazônia costumavam acabar assim: a empresa admitia uma responsabilidade limitada, pagava algumas multas e compensações, geralmente de natureza simbólica, alguns acordos sigilosos certamente também eram firmados, e tudo voltava ao normal.

Mas não foi este o caso em Barcarena. Aqui, o problema estava apenas começando. Em Brasília, o ministro Sarney Filho olha circunspecto para a lente da câmera. É segunda-feira, 26 de fevereiro de 2018, e o ministro está sendo entrevistado ao vivo. Sua declaração é tão surpreendente que merece ser citada na íntegra: "Segundo os relatórios que temos, não há dúvidas [da responsabilidade da Hydro]. Ela é tão óbvia que estou recomendando sanções e multas pesadas na extensão da nossa legislação. As provas são muito claras, já existem análises técnicas e científicas sobre a poluição da água, e acho que o Ibama já dispõe de todas as informações necessárias para tomar as providências cabíveis o quanto antes".[34]

O ministro do Meio Ambiente disse simplesmente que não havia dúvidas de que a Hydro era culpada pelos vazamentos ilegais, baseando-se, entre outros, no relatório do IEC, que do ponto de vista científico não era exatamente preciso. Mesmo assim, o ministro não viu problemas em instruir o Instituto Brasileiro do Meio Ambiente (Ibama) a acenar com multas e até com o fechamento da fábrica, numa clara violação do procedimento usual, em que o órgão primeiro faz uma inspeção detalhada e avalia as medidas a tomar sem interferência política. O ministro, entretanto, preferiu omitir o fato de que a inspeção preliminar do Ibama na Alunorte não indicou que houve vazamentos dos depósitos de lama vermelha. O relatório ficou pronto uma semana antes da entrevista de Sarney

Filho, segundo me revelou Jair Schmitt, então chefe de operações de campo do Ibama, quando nos encontramos, alguns meses depois. Ele conferiu o celular para precisar a data. "Olhe aqui!", disse me mostrando a mensagem: "O relatório foi enviado dia 18 de fevereiro, e afirmava que não houve inundação nos depósitos de lama vermelha".

— Posso citar você nominalmente? — perguntei, quase por instinto, sem esperar uma resposta afirmativa, mas ela veio assim mesmo. — Claro que sim, é só mencionar os fatos. Além do quê, não trabalho mais no Ibama.

Neste caso específico, o ministro assumiu como verdade factual certas declarações tendenciosas, que beiravam a mentira. Por quê?

Na entrevista à *TV Globo*, Sarney Filho usou a participação acionária do Estado norueguês na Hydro como um argumento para a reação implacável do governo brasileiro. "Este vazamento é muito sério. A empresa pertence ao Estado norueguês, portanto devia ser mais responsável, principalmente operando na Amazônia", disse.[35]

O escândalo da Hydro, como o caso passou a se chamar na Noruega, passou a ocupar o centro do debate político, azedando relações bilaterais até então tranquilas. Era o Brasil indo à forra.

Na manhã da sexta-feira, 23 de junho de 2017, isto é, cerca de seis meses antes da fatídica tempestade em Barcarena, a primeira-ministra da Noruega, Erna Solberg, não escondeu sua irritação falando num púlpito diante da residência oficial, em Oslo. Atrás dela, um painel azul decorado com uma série de brasões de armas da Noruega. O motivo da irritação da primeira-ministra estava bem à sua direita, atrás de outro púlpito semelhante, visivelmente constrangido: o então presidente do Brasil, Michel Temer. Em seu primeiro giro pela Europa como presidente, Temer esperava ter uma folga dos escândalos que o perseguiam em casa. Não apenas porque assumiu a presidência de maneira questionável, em 2016, aliando-se a um Congresso extremamente conservador para apear do cargo a presidente Dilma Rousseff após um controverso processo de impeachment, como também porque o vice-presidente era julgado por financiamento ilegal de campanha, com risco de perder os direitos políticos pelos próximos oito anos. Não bastasse, também era acusado de corrupção pela Procuradoria Geral da República. Temer fez o que pôde para desacreditar as acusações e, ao mesmo tempo, comprou o apoio de deputados na Câmara Federal para que votassem pela extinção do processo de corrupção.

Os aliados de primeira hora de Temer eram os deputados da chamada bancada ruralista, que detinham 211 das 513 cadeiras da Câmara. Na barganha para garantir os votos necessários, Temer sacrificou direitos humanos, áreas de proteção e a própria legislação ambiental, indo tão longe que até a mídia brasileira, tradicionalmente conservadora, reagiu à ofensiva presidencial. O jornal *O Globo*, por exemplo, escreveu que a "agenda ambiental entrou para o centro das negociações como moeda de troca importante na conquista do apoio da bancada ruralista".[36]

A caminho da residência da primeira-ministra, Temer cruzou com cerca de cinquenta manifestantes de grupos ambientalistas e de defesa de direitos humanos que portavam faixas e cartazes de protesto. A maior faixa proclamava que "A Noruega legitima o golpe no Brasil ao receber Temer". Outros cartazes diziam "Chega de investir em corruptos no Brasil" e "Pelo fim da aventura petrolífera no Brasil". Boa parte destes manifestantes estavam reunidos na praça diante do Stortinget desde o dia anterior, ouvindo os apelos do ex-ministro do Desenvolvimento Heikki Holmås, da Esquerda Socialista.

Diante da residência da primeira-ministra, a maioria dos manifestantes carregava cartazes que acusavam o Brasil de desprezar o meio ambiente e os direitos humanos. Eram destinados à imprensa internacional e, portanto, escritos em inglês: "*Stop rainforest destruction*" ["Parem a destruição da floresta amazônica"], "*Protect human rights and democracy*" ["Protejam os direitos humanos e a democracia"] e "*Respect indigenous peoples rights*" ["Respeitem os direitos dos povos indígenas"]. Jornalistas noruegueses e brasileiros cobriam a manifestação. A líder indígena Sônia Guajajara e o diretor da organização Rainforest Foundation Norway (RFN), Lars Løvold, foram entrevistados pela mídia brasileira. Assim que Temer surgiu dentro de um carro escuro, as câmeras se voltaram para ele e os manifestantes passaram a gritar, e durante alguns segundos os microfones captaram em alto e bom som os slogans *contra* o presidente e o golpe parlamentar e *a favor* do meio ambiente e dos direitos humanos. Os manifestantes contra o golpe eram os que mais gritavam.

O presidente Temer desembarcou do carro, rapidamente se esquivou da multidão e entrou na residência oficial. Não foi exatamente um bom começo de um encontro bilateral. A pauta da conversa entre Solberg e Temer era justamente Amazônia, floresta tropical, direitos humanos e meio ambiente. Uma hora mais tarde, nos púlpitos estreitos decorados com os leões rampantes, os dois contaram como o diálogo transcorreu.

As premissas não eram as melhores. Os dois países tinham um histórico de décadas de cooperação nas áreas de meio ambiente e direitos indígenas. Agora, porém, os desdobramentos políticos no Brasil haviam se tornado tão preocupantes que, na véspera da visita, o ministro do Clima e Meio Ambiente da Noruega, Vidar Helgesen, enviou ao seu homólogo brasileiro uma carta cujo tom não foi exatamente diplomático.[38] Na missiva, manifestou sua preocupação com o desmatamento acelerado, com as medidas ambientalmente hostis implementadas pelo governo Temer e com a tramitação, no Congresso, de leis ambientais desastrosas. Ao mesmo tempo, Helgesen prometia apoio incondicional da

Noruega aos esforços do Brasil para continuar o bom trabalho realizado nos últimos anos, mas a mensagem era eloquente. Diante da imprensa, a primeira-ministra Solberg repetiu os argumentos e a reação não foi das melhores.

Temer podia estar acostumado a enfrentar manifestantes no Brasil, mas naquela ocasião foi obrigado a ouvir, calado e diante das câmeras, as críticas públicas da mandatária de um outro país. As palavras da primeira-ministra, embora mais diplomáticas, tinham endereço certo: "Hoje expressei minha preocupação com o desmatamento no Brasil, que voltou a crescer, e com forças que querem enfraquecer leis ambientais e reduzir áreas protegidas no Brasil", disse Solberg. "Nosso compromisso com o Fundo Amazônia se baseia no pagamento mediante resultados. O aumento comprovado do desmatamento resultará em menos dinheiro da Noruega. Se os números preliminares de 2016 forem confirmados, significa que em 2017 haverá menos recursos".[39]

Temer e setores do establishment brasileiro tomaram a carraspana como uma humilhação vinda de um país liliputiano.

O vexame de Temer em Oslo foi uma das principais razões para que a questão da Hydro tomasse a proporção que tomou. Um indício disso é justamente a reação rápida e extraordinariamente severa do ministro Sarney Filho. Foi ele o destinatário da carta ríspida enviada por Vidar Helgesen meses antes.

Vários analistas políticos brasileiros escreveram sobre os desdobramentos deste episódio. Andreza Matais, do jornal *O Estado de São Paulo*, pôs as coisas nos seguintes termos: "Nove meses depois que o governo da Noruega fez Michel Temer passar vergonha, o troco veio na mesma moeda".[40.] Um funcionário da Hydro me contou, na condição de permanecer anônimo, que o tratamento que a empresa recebeu foi "cem por cento retaliação".

Alguns dias após a entrevista que o ministro do Meio Ambiente concedeu ao vivo à *TV Globo*, a Hydro foi multada em 20 milhões de reais pelo Ibama. Em primeiro lugar, o Ibama afirmava que o novo depósito de lama vermelha da Alunorte, DRS2, estava em operação sem o devido licenciamento. O restante da multa se devia ao infame duto a que o IEC e a *BBC* haviam se referido. Portanto, a razão da multa não foram os vazamentos em si, mas o fato de que a Hydro optou por "operar um duto de drenagem sem permissão", nas palavras do próprio Ibama.[41]

Vinte milhões de reais não é uma quantia absurda para uma empresa como a Hydro. Corresponde a menos de um mês de lucro das suas operações no Brasil, que em conjunto renderam bilhões à empresa nos últimos anos. O que mais a afetou foi uma sanção de outra natureza: o corte na produção.

A Semas exigira um metro de bordo livre na barragem de lama vermelha. A chuva continuou e, apesar do intenso bombeamento, a Hydro não conseguiu reduzir o nível dentro do prazo. Em 27 de fevereiro, a secretaria impôs à Hydro a redução de metade da produção da Alunorte, uma medida logo depois confirmada pelo Tribunal Regional Federal.

Implementar algo assim numa fábrica do porte da Alunorte é uma operação complexa e custosa. Como a Hydro apontou, com razão, reduzir a produção não contribuiria para resolver o problema. O nível alto da água nas barragens era resultado do tempo chuvoso, e a fábrica continuaria a receber o mesmo volume de chuvas independentemente da quantidade de alumina que produzisse. A redução na produção simplesmente impunha a Hydro um enorme prejuízo. Com o tempo, também afetaria os fluxos de bauxita das minas para a refinaria e de alumina para as fundições.

Em Barcarena, os operários já demonstravam nervosismo com a possibilidade de perder seus empregos. Haveria demissões? O sindicato organizou protestos diante do escritório local do Ibama pedindo que as sanções fossem reconsideradas. Os gestores da Hydro reuniam-se diariamente com órgãos ambientais e, menos frequentemente, com membros do Ministério Público, enquanto o bombardeio midiático continuava. Os investidores começaram a ficar nervosos e o preço das ações da Hydro desabou. A situação, já caótica, ficaria ainda pior. No dia 11 de março, uma notícia bombástica eclipsou o vazamento do velho duto de drenagem. Voltaremos a ela no capítulo 9.

"O Brasil não é para principiantes", diz a frase atribuída ao lendário maestro Tom Jobim. A Hydro não era uma principiante: estava no País desde a década de 1970. No entanto, a crise de 2018 deixou claro que a empresa estava completamente despreparada para lidar com uma chuva torrencial e suas consequências, dando a impressão de que seus gestores não compreendiam o Brasil muito bem. O modo como gerenciaram a crise evidenciou um distanciamento das comunidades locais e a pouca familiaridade com a legislação, imprensa e política brasileiras.

Ou será que a Hydro não aprendera com a história? Em 1979, a empresa atravessou outra turbulência quando veio à tona a incômoda verdade sobre as operações que conduzia na Amazônia. Naquela ocasião, a empresa optou por se manter em silêncio, esperando que o tempo se encarregasse de resolver o problema.

Ditadura militar, genocídio e alumínio norueguês

Em 1990, quando me preparava para viajar para o Brasil como estudante de intercâmbio, procurei ler tudo que encontrava sobre o País. Não havia nada recente escrito sobre o Brasil em norueguês, mas cheguei a dois livros antigos. Um deles foi presente do meu avô paterno. Um livro ilustrado belíssimo, de capa azul, da série *Países e Povos do Mundo*, traduzido do inglês e publicado em 1985, que devorei de cabo a rabo. O outro chamava-se *Norge i Brasil* [*A Noruega no Brasil*] e datava de 1979. Lembro de tê-lo retirado na biblioteca, mas a leitura não engrenava. Achei o livro chato e maçante. Hoje, me dá gosto voltar a ele.

O livro começa assim: "Na primavera de 1979, nas profundezas da floresta amazônica, no Brasil, duas empresas semiestatais, Norsk Hydro e Årdal og Sunndal

Verk, ao lado de várias outras, começaram a operar uma enorme mina de bauxita. O objetivo era abastecer com matéria-prima a indústria norueguesa de alumínio".

Os autores eram um pequeno grupo do Instituto de Pesquisas sobre a Paz de Oslo, mais conhecido pela sigla em inglês, Prio. Vários deles ficariam bem conhecidos na Noruega após o lançamento do livro, sobretudo os jornalistas Dan Børge Akerø e Per Erik Borge. Os dois outros autores eram Helge Hveem e Dag Poleszynski. Uma quinta pessoa optou por não ter o nome creditado na obra, pois mais tarde precisaria de um visto para estudar povos indígenas no Brasil e não queria correr o risco de entrar na lista negra do regime — um temor justificado, pois o tema do livro, resumido no subtítulo, não deixava margem para interpretações: *Ditadura militar, genocídio e alumínio norueguês*.

A obra foi pioneira em expor as entranhas dos investimentos noruegueses no exterior. A conclusão era cristalina: "A participação das duas empresas norueguesas no projeto Trombetas deve ser suspensa".[42] Os autores afirmaram que o projeto era indefensável quaisquer que fossem os critérios: sociais, políticos ou ecológicos.

O aspecto social, claro, era o genocídio mencionado no subtítulo. Os povos indígenas foram expulsos das terras onde viviam desde 1500, quando os europeus aportaram no território que viria a ser o Brasil, resultando no que hoje classificaríamos, sem nenhuma dúvida, de genocídio. Demógrafos e historiadores estimam que viviam aproximadamente cinco milhões de pessoas na Amazônia quando os europeus chegaram.[43] Doenças, escravidão e migração forçada dizimaram as populações indígenas, e 150 anos depois não restavam mais que 500 mil ou 600 mil indivíduos. Pelas margens do Trombetas houve várias ondas de migração através dos séculos, desencadeadas por ofensivas de diversas potências europeias na metade norte da América do Sul. Em 1960, os últimos remanescentes indígenas estavam à beira do colapso. Sob pressão de invasores e de núcleos urbanos em crescimento, os Kaxuyaná foram os últimos a emigrar para uma área mais ao norte, sob proteção de uma missão religiosa. Com isso, os povos indígenas do Trombetas foram extintos. A mina de bauxita foi só o último prego no caixão.

A irresponsabilidade política do projeto Trombetas estava intimamente ligada à ditadura. As forças militares tomaram o poder pelas armas em 1964, obrigando o então esquerdista João Goulart a se exilar. Cinquenta mil pessoas foram presas apenas no primeiro ano após o golpe, segundo mostram documentos divulgados pela Comissão da Verdade.[44] Os líderes militares se aproveitaram do medo do comunismo e do caos econômico, e prometeram devolver o poder aos civis o mais rápido possível, o que jamais ocorreu. Pelo contrário, a ditadura militar brasileira foi uma das mais tenazes da América Latina. Somente em 1985 o País voltou a ter um presidente civil, e as eleições diretas para o cargo só foram reinstituídas em 1989.

No início da década de 1970, quando a Hydro e a ÅSV adquiriram sua fatia no projeto Trombetas, o regime estava no auge da brutalidade. Eleições, oposição e sindicatos livres foram proibidos. Opositores do regime — políticos, artistas e intelectuais — eram forçados a se exilar. Aqueles que permaneciam eram presos ou ameaçados. Muitos, entre eles a ex-presidente Dilma Rousseff, foram torturados. Guerrilhas de orientação esquerdista foram liquidadas. Eram os tais Anos de Chumbo, quando dava as cartas no País o amigo de Lorentzen, Costa e Silva. Os cinco autores afirmam que era insustentável injetar capital estatal norueguês para legitimar um projeto liderado por uma ditadura militar, através da estatal Vale do Rio Doce.

Por fim, havia os argumentos ecológicos: o desmatamento e a poluição da água. As minas de bauxita na Amazônia implicam, inevitavelmente, a destruição de uma vasta área de floresta. Cada mina tem vários quilômetros de extensão, resultando em milhares de hectares de área desmatada, ano após ano.

Para que a bauxita possa ser enviada para o refino, antes precisa ser lavada. No Trombetas, milhares de toneladas de água são sugadas dos rios locais, todos os dias. Depois da lavagem, a água contaminada é devolvida ao lago Batata, um dos maiores ao longo do rio Amazonas. Em poucos anos, a vida no grande lago foi dizimada. Primeiro, morreram os peixes. Depois as plantas, os insetos e qualquer outra forma de vida.

Por fim, o próprio lago desapareceu, dando lugar a uma lama tóxica.

O Trombetas foi o primeiro grande projeto de mineração na Amazônia e uma das primeiras catástrofes ambientais na floresta tropical. Os proprietários, entre eles a Norsk Hydro e a ÅSV, só começaram a trabalhar para mitigar os danos depois de uma forte pressão de organizações ambientais, da mídia e de governos de outros países.[45]

Quando foi lançado, o livro *Norge i Brasil* causou certa comoção. Os sindicatos de trabalhadores da Hydro e da ÅSV opuseram-se ao envolvimento das empresas num projeto tão nocivo como o Trombetas. A Esquerda Socialista levou o caso ao Stortinget. A pressão política foi tão grande que o governo optou por retirar a estatal ÅSV do consórcio e encerrar as operações brasileiras.

— O livro foi a causa principal para que o assunto fosse debatido no Stortinget e a ÅSV fosse forçada a vender sua parte no projeto — me disse o veterano Harald Martinsen. A Hydro, entretanto, permaneceu lá. Como isso foi possível?

O quinto autor do livro chama-se Lars Løvold, o mesmo Løvold que mais tarde teria um papel fundamental na RFN e no debate sobre os bilhões de coroas norueguesas destinadas à proteção da floresta. Hoje, ele acredita que a decisão da Hydro deve-se ao fato de que empresas estatais são mais sensíveis a temas como direitos humanos e questões ambientais.

— A ÅSV foi mais firme. Era uma empresa 100% estatal. A Hydro fez vista grossa e fincou pé — explica.

Harald Martinsen argumentou de maneira parecida quando nos encontramos: "Era uma questão política. A Hydro achou ótima a pressão contra a ÅSV e esperou até a coisa explodir. Foi assim que manteve sua posição acionária no Trombetas", resumiu ele.

A Hydro era menor que a ÅSV, mas suas ambições internacionais eram do mesmo tamanho, senão maiores. Também era uma empresa privada, e esperou a tormenta passar mantendo sua participação no Trombetas. Ninguém sabia então, mas foi precisamente esta manobra que permitiria à empresa fazer a maior aquisição norueguesa no exterior, uma geração mais tarde.

Por muito tempo, a história da relação comercial entre a Noruega e o Brasil girou em torno do bacalhau e do café. Depois, veio a indústria do petróleo, impulsionada pela descoberta dos campos do pré-sal na costa do Rio de Janeiro, no começo da década de 2000.

Esta compreensão histórica é imprecisa. Desde a década de 1970, a Noruega já estava envolvida nas indústrias florestal, extrativista e fundiária no Brasil e por toda a região amazônica. No total, a soma dos negócios conduzidos pela Aracruz, Borregaard, Norsk Hydro e ÅSV excedeu em muito o comércio de bacalhau e café. Floresta, celulose e bauxita na Amazônia tornaram-se o principal investimento norueguês no País — é importante ter isso em mente.

O envolvimento da Noruega nestes setores começou décadas antes, por meio de empresas privadas, embora com forte participação estatal. Muitas vezes eram projetos de alto risco econômico. A Borregaard precisou pedir uma garantia ao governo norueguês e empréstimos ao BNDE. A Aracruz contraiu dívidas vultosas, à margem da lei, no mesmo banco. A Hydro e a ÅSV se tornaram acionárias num projeto que era deficitário na origem. Politicamente, todos estes projetos dependiam de uma estreita cooperação com um regime militar opressor. Além disso, todos tiverem consequências negativas, às vezes catastróficas, para o meio ambiente e os povos indígenas. O Estado norueguês estava envolvido até o pescoço, seja como proprietário ou detentor de posições acionárias, seja debatendo o assunto no Parlamento, seja oferecendo garantias econômicas. Naquela época, nossa posição na Amazônia e no Brasil não era ambígua: a Noruega simplesmente desempenhava o típico papel do investidor estrangeiro num país pobre, financiando projetos ambientalmente degradantes.

Ao mesmo tempo, havia as críticas. A consciência ambiental crescia, e os direitos dos povos indígenas começavam a pautar a ordem do dia. Os políticos e a opinião pública começaram a se dar conta dos danos que a indústria norueguesa acarretava em várias partes do mundo

Teria a Noruega gradativamente se tornado uma campeã na defesa das florestas e dos direitos indígenas para aliviar o peso da consciência e a culpa deste passado?

Durante muito tempo me perguntei como tudo começou, e esta busca me levou ao cantor Sting, ao cacique Raoni, à ex-primeira-ministra Gro Harlem Brundtland e a um diretor da Agência Norueguesa de Desenvolvimento e Cooperação (Norad), no ano de 1982.

Quando Sting e "o botocudo" visitaram a Noruega

⁂

Foi preciso uma grande ação publicitária e a participação de celebridades para a causa ganhar apoio popular. "A floresta tropical amazônica é o maior pulmão verde do mundo", dizia o panfleto enviado a mais de um milhão de residências em 1989, na primeira campanha destinada a transformar cada cidadão norueguês num guardião da floresta.

Eu tinha então 17 anos e era membro do movimento *Natur og Ungdom* [Natureza e Juventude], em Trondheim, quando a campanha foi lançada. A mensagem tinha um apelo forte e era pegajosa, tanto mais porque comparava a área desmatada a campos de futebol que a cada minuto simplesmente desapareciam da face da terra. A ideia de que o mundo tinha pulmões aproximava da realidade norueguesa uma catástrofe que ocorria do outro lado do planeta. Ninguém queria ficar sem oxigênio.

Era uma afirmação polêmica. Dava a impressão de que as florestas tropicais são as fábricas de oxigênio do mundo. Com o passar do tempo, os cientistas comprovaram uma teoria concorrente, isto é, que a maior parte da produção de oxigênio ocorre nos oceanos, através da fotossíntese do fitoplâncton. Na prática, as florestas tropicais são responsáveis por manter esse oxigênio equilibrado. As árvores exalam oxigênio na fotossíntese e assim produzem de 15% a 20% do oxigênio do planeta. Ao mesmo tempo, a floresta consome quase a mesma quantidade do gás que produz, por meio da decomposição de plantas e animais mortos.[46] Uma floresta tropical viva está em equilíbrio também no que diz respeito à circulação do CO_2, principal gás responsável pelo efeito estufa. Somente quando a floresta é degradada é que enormes quantidades de dióxido de carbono e de outros gases são liberadas na atmosfera. Isso acontece mais rapidamente quando ocorrem incêndios e, mais lentamente, por meio da decomposição e da drenagem de pântanos e zonas alagadas.

— Provavelmente muitos erros foram cometidos naquele período. Nós éramos idealistas bem-intencionados — diz Elin Enge hoje. Foi ela quem, na Noruega, esteve à frente da iniciativa internacional liderada por Sting e pelo cacique Raoni, mais conhecido como "botocudo" devido ao característico adereço que usa no lábio inferior. Tão importante quanto os dois foi também Trudy Styler, esposa de Sting. Coube a ela cuidar da parte prática relacionada à iniciativa pela floresta.

Em 1987, ao lado de Bruce Springsteen e Michael Jackson, Sting era um dos maiores nomes mundiais da música pop. Em dezembro daquele ano, fez um show para mais de 200 mil pessoas no Maracanã, no Rio de Janeiro. Dois dias depois, Trudy e Sting estavam sobrevoando as copas das árvores da extensa selva amazônica a bordo de um aviãozinho que "dava a impressão que ia se desfazer no ar".[47] Os dois estavam indo conhecer a aldeia Kayapó a convite do excêntrico cineasta belga Jean-Pierre Dutilleux, indicado ao Oscar anos antes por um documentário sobre a luta pela sobrevivência dos Mebêngôkre — como os Kayapó se referem a si mesmos.

A exemplo de vários povos indígenas da Amazônia, os Kayapó padeciam com doenças, perseguições e grilagem de terras. Cinquenta anos antes, foram forçados, sob a mira de armas de invasores brancos, a migrar para oeste das áreas ao longo do rio Tocantins, onde originalmente estavam fixados. Muitos buscaram refúgio ao longo das margens do rio Xingu, outros avançaram sobre terras públicas sem regulamentação. Agora, estavam novamente sendo ameaçados, desta vez por madeireiros e agropecuaristas.

Ao mesmo tempo, eram índios temidos e respeitados, considerados os melhores guerreiros de toda a região. Um dos mais conhecidos líderes Kayapó era Raoni. Sting ficou encantado assim que o conheceu.

— Raoni é definitivamente *the real thing* —, explicou o cantor ao *The Times*.[48] — Ele é tudo que queremos proteger. Parece alguém que veio de outro planeta. É atemorizante. Tem aquele lábio enorme e um olhar poderoso.

Foi o potencial midiático que Sting enxergou naquela figura exótica ou foi o empresário Sting que por um momento se sobrepôs ao cantor idealista? Seja como for, não demorou muito para o artista se referir aos povos indígenas em geral, e a Raoni em particular, de forma menos respeitosa: "Os índios das cidades parecem burocratas. Do ponto de vista do show business, que conheço um pouco, ele [Raoni] é o melhor".[49]

O primeiro encontro entre Sting e Raoni transcorreu bem. No ano seguinte eles voltaram a se encontrar no Brasil, durante uma turnê mundial que o artista fez em parceria com a Anistia Internacional. A organização reuniu um time de estrelas para celebrar os quarenta anos da Declaração Universal dos Direitos Humanos, e Sting dividiu o palco com quatro outros gigantes do pop de então: Bruce Springsteen, Peter Gabriel, Tracy Chapman e Youssou N'Dour.[50]

Sting havia despertado para a causa. No início de 1989, ele acompanhou uma grande delegação indígena em Altamira para participar de uma mobilização contra a construção de uma hidrelétrica no Xingu. O projeto foi interrompido, mas depois foi retomado e resultou na usina de Belo Monte. Em maio do mesmo ano, Sting e Raoni fizeram uma turnê mundial juntos, cujo objetivo era lutar pela criação de um território próprio para os Kayapó e pela preservação da floresta amazônica como um todo. A turnê percorreu países como EUA, Grã-Bretanha, Alemanha, França, Austrália e Japão.

Na Noruega, a improvável dupla foi entrevistada por Petter Nome, um dos maiores sucessos da *NRK*, onde apresentava um talk show líder de audiência. Nome era a maior estrela do canal estatal. Na década de 1980, apresentou os musicais *ZikkZakk* e *Zting* (naquele tempo, todos os produtos dirigidos à juventude precisavam ser escritos com Z), e depois foi âncora do *Dagsrevyen*, o telejornal noturno. Em 1985, cobriu a transmissão norueguesa do *Live Aid*, e em 1988 estreou a premiada série de conscientização ambiental *2048*, ao lado de Torbjørn Morvik. Numa manhã preguiçosa de sábado, ele estava em casa tomando uma xícara de café quando o telefone tocou:

— Alô, aqui é a Trudy Styler.

—Trudy quem?

—Trudy Styler, mulher do Sting.

Três décadas depois, Nome ainda gagueja quando relembra a conversa. Era um prestígio sem tamanho receber um telefonema de Trudy e Sting. Os dois também estavam tomando café em casa, em Londres. O contato foi feito por meio de uma produtora de TV que fazia um programa semelhante a *2048*.

—Trudy explicou que Sting estava fazendo uma turnê mundial com um líder indígena da Amazônia, e queria saber se poderiam ser entrevistados no meu programa — conta Nome. — Eu respondi que sim, é claro.

Os planos de Sting, Trudy e Raoni eram, obviamente, maiores do que simplesmente aparecer num talk show na TV norueguesa. Eles queriam iniciar uma campanha mundial pela preservação da Amazônia. Por isso Petter Nome os colocou em contato com Elin Enge e outros ativistas ambientais noruegueses. A recepção inicial foi um tanto fria. Os ambientalistas já tinham muito com o que se preocupar. Poucos achavam que a floresta tropical tivesse apelo diante de outras causas ambientais importantes. Elin Enge era uma exceção: "A maioria das pessoas disse não. Eu disse sim", recorda-se ela.

Na época, Enge liderava a Campanha Coletiva pelo Desenvolvimento e Meio Ambiente, que envolveu uma série de organizações para monitorar os desdobramentos do relatório *Nosso Futuro Comum*, publicado pela ONU em 1987. A iniciativa das Nações Unidas foi liderada pela então primeira-ministra da Noruega, Gro Harlem Brundtland, que trabalhou ativamente para angariar apoio popular e inserir o conceito de "desenvolvimento sustentável" na arena política. O trabalho previa uma grande cúpula ambiental a se realizar em 1992, no Rio de Janeiro, e Brundtland queria garantir que o relatório tivesse o maior impacto possível na conferência. A defesa da floresta convinha muito bem tanto ao projeto de Brundtland quanto à campanha de Enge. Era sobre desenvolvimento e meio ambiente e era especialmente relevante para o país-sede da cúpula ambiental.

Com tantos interesses sobrepostos, é difícil não especular se Brundtland e a então ministra do Meio Ambiente, Sissel Rønbeck, atuaram nos bastidores quando Sting e Raoni estiveram na Noruega. Enge diz que não se lembra dos detalhes, mas a constatação vem nas entrelinhas: "Devo ter recebido um sinal de onde o governo gostaria de investir... Sim, Gro Harlem devia estar por trás dando sua bênção ao projeto". Foi assim que Elin Enge se tornou uma espécie de madrinha da organização Rainforest Foundation Norway. Mesmo assim, foi um parto nada tranquilo.

No restaurante Frognerseteren, dia 4 de maio de 1989, o relógio marcava quase meia noite. Elin Enge estava tensa. Na mesma noite, Sting, Raoni e Jean-Pierre Dutilleux chegaram de Estocolmo depois de um bem-sucedido lançamento da campanha na Suécia. No restaurante, Enge estava cercada de convidados estrangeiros e seus companheiros noruegueses da campanha pela floresta tropical: Petter Nome, da *NRK*, e Kjell Terje Ringdal, da agência de relações públicas Konsensus, responsável por liderar a arrecadação de fundos e preparar o material para uma entrevista coletiva na manhã seguinte com a participação de ministros, organizações ambientais e membros do movimento estudantil. Naquela noite, tudo esteve por um fio. No menu do jantar seria incluído um ultimato do qual poucos souberam antecipadamente. Enge fora contatada por um grupo de cinco antropólogos e biólogos que ameaçavam estragar a festa. Preocupados, eles elaboraram uma lista de 25 perguntas críticas sobre a campanha e exigiam ser ouvidos. Caso as respostas não fossem satisfatórias, não haveria lançamento no dia seguinte.

Sentado ao lado de Sting estava Espen Wæhle, um dos cinco intelectuais em questão. "Encontrei Elin e Kjell Terje no aeroporto, indo buscar Sting. No saguão do hotel, ele me usou como uma espécie de escudo para escapar das fãs. Engatou uma conversa comigo para mantê-las à distância, e acabamos sentando próximos da mesa do Frognerseteren", ele explica.

Os cinco críticos, cada um de uma especialidade diferente, tinham um histórico de anos de trabalho com as populações indígenas e florestas tropicais, e viam com muita preocupação os rumos que a campanha de Sting estava tomando. A iniciativa era algo muito distante dos povos indígenas e do engajamento popular, acreditavam eles. Os estatutos foram elaborados pelos advogados mais caros da Inglaterra e a fonte de dinheiro havia secado. "Estávamos muito desesperançosos, para falar a verdade", diz Wæhle.

Esperando no corredor, do lado de fora do salão do restaurante, estavam os quatro outros céticos: Elisabeth Forseth, Lars Løvold, Jan Borring e Erik Steineger. Cada um elaborou suas perguntas e agora todos discutiam como apresentá-las. Coube a Erik Steineger dar o pontapé inicial. "Estava muito nervoso e mal consegui articular as palavras no começo. Mas aí Elisabeth e Lars vieram em seguida e foram muito convincentes", diz ele. Os antropólogos Forseth e Løvold tinham um histórico de anos de trabalho de campo com populações indígenas brasileiras, e estavam muito bem informados. Sting debruçou-se sobre a mesa, acompanhou tudo com muito interesse e fez perguntas procedentes, conta Wæhle. Jean-Pierre Dutilleux não tirava os olhos do relógio.

— Sting era o centro das atenções. — continua Wæhle. — Mas a força motriz por trás de tudo era Jean-Pierre. Ele era comprometido e entusiasmado, mas não tinha ideia de como gerenciar uma campanha internacional. Também tinha uma atitude um tanto antiquada e paternalista em relação aos habitantes da floresta tropical. E gostava muito de aparecer.

Esta foi uma das razões que fizeram os cinco duvidar das verdadeiras razões que motivavam Sting e Dutilleux. Os dois estavam realmente preocupados com a floresta tropical e com os povos indígenas, ou tudo era um pretexto para atrair mais atenção e impulsionar suas carreiras? E quanto a Raoni? Até que ponto era comprometido com o meio ambiente?

O que Elisabeth Forseth e Lars Løvold sabiam, e Sting e Dutilleux talvez ignorassem, era que os Kayapó durante anos receberam dinheiro proveniente de extração de ouro e desmatamento ilegal nos seus territórios. Em outras palavras, vários Kayapó estavam pessoalmente envolvidos em atividades que destruíam a floresta, enquanto outros tacitamente aprovavam aquilo. Alguns aceitavam o dinheiro por pura necessidade. Era a única fonte de renda e, além disso, os índios não tinham o poder de coibir as atividades ilegais. Outros participavam ativamente no desmatamento, motivados por dinheiro e poder. Várias das perguntas tratavam exatamente disso. Outras diziam respeito ao uso do dinheiro arrecadado e ao perfil da organização que estava para surgir. Depois de tantos anos, Lars Løvold descreve a reunião da seguinte forma. "Eles estavam cansados e aborrecidos, e foram recebidos por uma equipe de inquisidores. Nós tínhamos uma longa lista de perguntas, muitas delas até desrespeitosas, para as quais queríamos respostas. Mas eles foram tão transparentes e honestos que achamos a iniciativa genuína. Sting pareceu um cara muito sensato".[51]

O veredito sobre os três acabou sendo o seguinte: Sting estava verdadeiramente interessado, Raoni estava genuinamente comprometido com a preservação da floresta, Jean-Pierre oscilava entre o puro delírio e a meia mentira, mas juntos os três passaram na prova. A luz verde estava acesa.

Durante as semanas que se seguiram ao jantar, o trabalho realizado não foi pouco. O país inteiro foi coberto de pôsteres. Em *todas* as caixas de correio da Noruega foi deixado um folheto tamanho A5, de quatro páginas, com mais informações sobre a campanha e um boleto de pagamento. Na capa, uma foto de Sting e Gro Harlem Brundtland sorridentes. O texto central falava dos pulmões da Terra. Toda a campanha foi conduzida "com uma espécie de garantia" do Estado, segundo Løvold.

Foi um sucesso. O dinheiro não parava de cair na conta, de doadores de todo o país — um pouco aquém do previsto, é verdade, mas o Estado ajudou bastante com uma generosa contribuição. Nascia ali a Rainforest Foundation Norway. Do ponto de vista formal, a organização surgiu como um desdobramento da Campanha Coletiva pelo Desenvolvimento e Meio Ambiente, e Lars Løvold foi contratado para administrá-la. Mais tarde, transformou-se numa organização autônoma, administrada em conjunto com o Fundo Norueguês de Desenvolvimento [*Utviklingsfondet*] e a Associação Amigos da Terra [*Naturvernforbundet*], com Løvold assumindo a função de gerente-geral.[52]

A RFN é hoje uma das maiores organizações de cooperação bilateral da Noruega, e uma das organizações ambientais mais influentes do mundo na defesa dos direitos indígenas e preservação das florestas tropicais. Em 2018, Løvold renunciou após quase três décadas à frente da RFN.

Elin Enge diz que fez uma escolha estratégica importante quando foi procurada pelos cinco intelectuais, há mais de trinta anos. Em vez de rejeitá-los, ela os convidou para participar. "Foi meu instante de genialidade", diz ela. A campanha terminou saindo melhor que a encomenda e contribuiu para dar mais legitimidade à organização.

Uma pergunta permanece, uma vez que a participação do Estado foi decisiva no financiamento da primeira grande campanha pela floresta tropical: de onde veio este engajamento? Hoje, nem Elin Enge, nem Erik Steineger, nem Espen Wæhle, nem Lars Løvold conseguem precisar. Mas um dos cinco críticos, Jan Borring, tem uma pista. "Existem muitas maneiras de implementar políticas de preservação da floresta tropical. Na Noruega, o apelo maior foram os povos indígenas. A pauta dos povos indígenas vinha *antes* da defesa da mata", explica.

A mobilização mundial começou na década de 1980, com acordos internacionais para assegurar os direitos dos povos indígenas. Depois de anos de muito trabalho, estabeleceram-se as bases do direito internacional dos povos indígenas: a Convenção 169 da Organização Internacional do Trabalho (OIT). A Noruega se destacou nas negociações por causa das questões sobre a integração da etnia sámi na sociedade norueguesa.

Como explica o especialista em direitos humanos Stener Ekern, com um longo histórico de trabalho na Norad e no Centro de Pesquisas em Direitos Humanos da Universidade de Oslo, a expressão *direitos humanos* "não era vista com bons olhos nas iniciativas de cooperação norueguesas da década de 1980. Muitas pessoas achavam que tudo não passava de um capricho pequeno-burguês. Vários funcionários da Norad consideravam a pobreza e a fome os principais inimigos a combater. Era preciso primeiro encher a barriga das pessoas antes de abordar qualquer outro assunto", diz ele.

Em 1982, no entanto, algo no aparato estatal norueguês começou a evoluir para resultar num enorme compromisso em defesa da floresta. "Tudo começou quando um diretor aceitou que uma parcela do dinheiro destinado ao chamado *Global Grant* pudesse ser revertida em prol de organizações de defesa dos direitos indígenas. Foi o gerente do escritório norueguês do Global Grant, Bjørn Johannesen, quem deu a sugestão, que foi aceita. Uma das três organizações que receberam apoio foi a brasileira CCPY, que tinha à frente Claudia Andujar", diz Ekern.

A Comissão pela Criação do Parque Yanomami (depois Comissão Pró-Yanomami) é uma organização fundada em 1978 com o objetivo de garantir um território próprio para os Yanomami, na área de fronteira entre Brasil e Venezuela, e um dos seus fundadores é a fotógrafa franco-brasileira Claudia Andujar. Ela e as belíssimas imagens que fez dos índios e da natureza se tornaram a face mais conhecida da CCPY. Os Yanomami eram o maior grupo indígena da Amazônia a resguardar seu modo de vida tradicional. Isso só foi possível porque habitavam áreas de fronteira de difícil acesso, no alto de montanhas, naturalmente protegidas de invasores e longe de núcleos urbanos, mas isso teve um fim abrupto. O regime militar decidiu, na década de 1970, construir estradas através da floresta, paralelamente à fronteira, para promover o "desenvolvimento econômico" e, no âmbito da lógica da Guerra Fria, proteger o território nacional de uma invasão. O resultado foi uma catástrofe para os indígenas. As obras e a extração ilegal de ouro trouxeram doenças, miséria e morte. Milhares perderam a vida, cerca de 20% da população total. Muitos foram mortos em massacres cruéis.

A causa Yanomami despertou simpatia e comoção pelo mundo inteiro numa época em que mal se falava em "floresta tropical" e "meio ambiente". Era uma questão de saúde e também territorial. "A floresta em si não era tão interessante", aponta Ekern.

Em algum momento, no entanto, a questão da floresta tropical adquiriu uma dinâmica própria, que começou com o debate internacional sobre a biodiversidade e a importância de proteger grandes extensões de ecossistemas. Stener Ekern acredita que os especialistas noruegueses foram influenciados pela alemã Fundação Volkswagen e pelas grandes organizações conservacionistas dos EUA, como Conservation International e The Nature Conservancy. Mesmo assim, a floresta tropical continuava sendo um ponto fora da curva.

No entanto, uma novidade estava sendo gestada. Na década de 1970, o interesse ambiental na Noruega e no mundo cresceu exponencialmente. A pauta interna na Noruega eram as hidrelétricas, sobretudo de Mardøla e Alta, que resultaram num movimento de desobediência civil e projetaram nomes, como o filósofo e ecologista Arne Næss, e organizações, como *Framtiden i våre hender* [O Futuro em Nossas Mãos], que rapidamente ganharam dezenas de milhares de seguidores. A Noruega acabou criando uma pasta exclusiva para cuidar do meio ambiente, cuja primeira ocupante foi ninguém menos que Gro Harlem Brundtland. Tanto cientistas quanto leigos passaram a se preocupar com temas como conservação e ecologia, e esta mentalidade passou a ser incorporada ao trabalho da Norad. Nas palavras de Stener Ekern, "foi uma mudança de atitude que afetou todos os processos de decisão".

O ponto de inflexão na agência de cooperação norueguesa veio logo após o relatório Brundtland sobre a iniciativa *Nosso Futuro Comum*, em 1987. O ecologista Olav Benestad e o antropólogo Espen Wæhle, o mesmo que anos depois sentaria ao lado de Sting no restaurante Frognerseteren, passaram a integrar os quadros da Norad, justamente pela experiência e conhecimento que possuíam sobre o assunto. Wæhle havia conduzido trabalhos de campo com os pigmeus na floresta equatorial do Congo, Benestad era um biólogo de destaque. A proteção das florestas tropicais, agora uma prioridade na cooperação internacional norueguesa, estava na ordem do dia.

Primeiro foram Sting, Raoni e a iniciativa pela floresta tropical, em 1989. Depois, em 1992, foi a vez de uma grande campanha televisiva de arrecadação de recursos na Noruega, inclusive para a RFN. A cúpula ambiental da ONU, no Rio de Janeiro, seria realizada no mesmo ano. Pouco antes do início da conferência, o presidente Fernando Collor, ao lado do ministro José Lutzenberger, o líder da campanha contra a Borregaard duas décadas antes, anunciou que os Yanomami finalmente teriam direito a uma área equivalente em tamanho a Portugal. Os ambiciosos objetivos do CCPY, dos Yanomami e da agência de cooperação haviam sido alcançados. Na Norad, a questão dos povos indígenas se tornou algo à parte, o *Urfolksprogrammet* [Programa dos Povos Indígenas], que com o tempo passou a ser administrador pelo Centro de Pesquisa do Movimento Sindical.

Num intervalo de poucos anos, a floresta tropical deixou de ser um tema exótico e irrelevante, restrito ao interesse de uns poucos ecologistas e antropólogos, à margem do apoio da Norad aos povos indígenas, e se converteu numa pauta própria, naturalmente associada à ajuda econômica norueguesa — uma mudança de rumos rápida, notável e radical.

Que, no entanto, estava longe de terminar. Em pouco mais de 30 anos, numa decisão governamental extraordinária, o apoio financeiro às florestas tropicais evoluiu de algumas centenas de milhares para bilhões de coroas. Na década de 1990, milhões de coroas foram destinados ao Programa dos Povos Indígenas e a organizações como a RFN e a *Kirkens Nødhjelp* [Ajuda da Igreja Norueguesa]. Hoje, destinamos bilhões de coroas anuais para a proteção das florestas tropicais em todo mundo. O que aconteceu?

Chovem bilhões sobre a floresta

Foi uma cena muito emocionante, de verdade. — A mulher diante de mim hoje é diretora do centro de pesquisas climáticas Cicero, mas, em 2007, ocupava o cargo de ministra das Finanças da aliança trabalhista-verde liderada pelo primeiro-ministro Jens Stoltenberg. Kristin Halvorsen relembra uma reunião improvisada no canto de um auditório na Indonésia, sobre a ajuda bilionária norueguesa para as florestas tropicais e "o lobby mais eficaz de todos os tempos".

Os anos de 2006 a 2008 foram de um debate intenso sobre o clima, tanto na Noruega como pelo mundo afora. O embasamento científico para tamanha mobilização foram os novos relatórios do Painel Climático da ONU, preparatórios para a cúpula sobre o clima em Bali, em dezembro de 2007. Ainda mais importante para o debate foi a presença do economista Nicolas Stern e do extenso relatório que fez sob encomenda do governo britânico, intitulado *The Economics of Climate Change* [*A economia da mudança climática*], um calhamaço que abriu os olhos do mundo para o fato de que o desmatamento era uma enorme fonte de emissão de gases do efeito estufa. Stern demonstrou que a perda de cobertura florestal natural contribui mais para o aumento destas emissões do que todo o setor de transporte do planeta, isto é, mais do que a soma de todos os carros, ônibus, trens, aviões e navios do mundo. Ainda mais importante talvez seja a seguinte conclusão: "Do ponto de vista econômico, reduzir o desmatamento é a medida mais eficaz e de melhor custo-benefício para reduzir estas emissões globalmente".[53] O então primeiro-ministro da Noruega era um economista social. Para ele, "custo-benefício" era mais do que uma frase de efeito: era uma verdadeira profissão de fé, a estrela-guia que nos conduziria a um mundo melhor. Halvorsen, a ministra das Finanças, sabia disso muito bem.

O ano de 2007 foi um marco no debate climático na Noruega. Houve uma grande discussão pública sobre mudanças climáticas, suas causas, consequências e o que era possível fazer para combatê-las. Os relatórios da ONU convenceram a maioria das pessoas de que o aquecimento global era um fato inconteste, resultava da emissão de gases poluentes decorrentes da atividade humana e estava em franca aceleração. O futuro reservava eventos climáticos extremos e aumento do nível do mar, foram as conclusões. Em outubro, Al Gore e o Painel Climático da ONU dividiram o Prêmio Nobel da Paz.

Na Noruega, o ano começou com chuvas intensas por todo o país, algo incomum em pleno inverno. No seu discurso de ano novo, Jens Stoltenberg prometeu que a Noruega se tornaria uma força motriz na política climática internacional. O governo começaria a adquirir cotas climáticas para todos os funcionários públicos em voos internacionais, explicou ele, acrescentando um trecho pelo qual o discurso será mais conhecido pela posteridade: a promessa de que a Noruega reduziria a zero as emissões de GEE na usina de gás de Mongstad. Seria "o pouso da Noruega na Lua", segundo o primeiro-ministro. A alunissagem norueguesa, infelizmente, não correu bem. Seis anos e oito bilhões de coroas depois, o projeto foi desmantelado. Segundo a organização ambiental Bellona, foi "o pior desastre político de todos os tempos".[54]

Visto pela perspectiva ambientalista, as razões para isso não são menos desastrosas. O trabalhista Stoltenberg tornou-se primeiro-ministro pela primeira vez em 2000, quando derrotou o centrista Kjell Magne Bondevik no cabo de guerra sobre a construção de uma usina de gás. Bondevik recusou-se a autorizar a construção de uma usina de gás em Mongstad sem a necessária tecnologia de purificação, e apresentou um ultimato ao Stortinget. O Partido Trabalhista, com apoio da Direita, derrubou o governo. Depois, mudou a lei de poluentes para que não atrapalhasse a construção de uma usina sem filtros de CO_2.[55] Nem antes, nem depois, outro gabinete caiu devido a um impasse ambiental.

Jens Stoltenberg assumiu o cargo de primeiro-ministro impondo goela abaixo da Noruega sua maior fonte de emissão de poluentes. A usina de Mongstad sozinha responde por cerca de três por cento do total das emissões do país.[56] Não admira que Stoltenberg mencionasse o pouso na Lua.

Também não causa estranheza o fato de que ele e o governo tenham se interessado em investir tanto dinheiro em florestas tropicais. No segundo trimestre de 2007, o governo trabalhou exaustivamente na produção de um novo relatório climático. Segundo a ministra das Finanças, Kristin Halvorsen, o corte nas emissões de gases era o "maior dissenso na coalizão dos trabalhistas com os verdes". Stoltenberg e seu Partido Trabalhista queriam adquirir cotas climáticas no exterior, para evitar uma redução na emissão dos gases no país. A Esquerda Socialista (ES) era pelo corte doméstico.

— Stoltenberg sempre insistia para que adotássemos as medidas mais baratas qualquer que fosse a situação, enquanto nós, da ES, achávamos que tínhamos que fazer nosso dever de casa. Foi um conflito recorrente — recorda-se Halvorsen.

O conflito era também uma das poucas coisas que tirava Jens Stoltenberg do sério. Quando o relatório climático estava em sua fase final, a ES tentou garantir que dois terços do corte climático da Noruega fossem feitos em território norueguês. Repetidas vezes o partido tentou encampar a sugestão na coalizão governista, mas a cada vez o primeiro-ministro não cedia um milímetro. A ministra das Finanças, que acumulava a liderança da ES, vendo-se obrigada a confrontar a posição do partido, fez uma última tentativa. Debalde. "Ele gritava tão alto que até quem subia as escadas lá fora escutava, apesar das paredes grossas do gabinete" diz ela, que precisou ser retirada dali a força.[57]

Dias depois, a coalizão trabalhista-verde apresentou o que considerava um relatório climático "ambicioso". A oposição criticou duramente o documento e disse que esperava mais. "Jens, deixa de papo. O plano foi pro saco", entoavam os manifestantes durante a tradicional entrevista coletiva semestral do primeiro-ministro, pouco antes das férias de verão. Todos os partidos — exceto o ultradireitista Partido do Progresso (PP), que não tem lá uma tradição de preocupação ambiental —, cobraram mais empenho do governo e mais investimentos no setor. No Stortinget, todos os partidos — à exceção novamente do PP — concordaram em fazer um pacto climático mais abrangente. Foi aqui que as organizações ambientais RFN e Amigos da Terra se deram as mãos, sob a liderança de Lars Løvold e Lars Haltbrekken, para avançar o máximo que podiam.

Em 27 de setembro, enviaram uma carta ao governo intitulada "Ainda dá tempo: Salve a floresta tropical, salve o clima!".[58] Eles sabiam a quem estavam se dirigindo. O argumento central estava inteiramente de acordo com o relatório de Nicolas Stern, isto é, argumentava que interromper o desmatamento era a ação global mais eficaz do ponto de vista econômico que se poderia adotar. Na breve carta, a expressão "custo-benefício" era mencionada duas vezes, o adjetivo "eficaz", três vezes e as palavras "mais econômico", duas. Os remetentes concluíam a carta afirmando que a Noruega deveria destinar aos países com cobertura de florestas tropicais seis bilhões de coroas por ano, uma quantia correspondente a dez por cento do que o relatório Stern estimava ser necessário para acabar com o desmatamento em todo o mundo. Sendo um país rico e exportador de petróleo, caberia à Noruega pagar boa parte da conta, sugeriam os missivistas.

Depois da carta, um intenso lobby tomou conta dos corredores do Parlamento, envolvendo tanto membros do governo como da oposição. Lars Haltbrekken diz hoje que as coisas foram relativamente simples: "Havia um empenho de todas as partes", diz ele.

Kristin Halvorsen inteirou-se sobre a proposta em uma reunião com Løvold e Haltbrekken no ministério das Finanças. Ela, que já simpatizava de início com a causa, achou a sugestão ótima. Protegia a floresta, reduzia a emissão de GEE e ainda preservava a biodiversidade. Além disso, Halvorsen vislumbrou um mecanismo que poderia funcionar internacionalmente: "Era algo que tanto a ES quanto os trabalhistas consideravam muito bom". Para Stoltenberg, o argumento do custo-benefício era decisivo.

A oposição ficou tão entusiasmada quanto o governo com a proposta de destinar bilhões para as florestas. Buscando aproximar o partido da causa ambiental, a então líder da Direita e atual primeira-ministra, Erna Solberg, não admitiria fazer por menos. Junto com as demais agremiações de oposição — Partido Popular Cristão e Esquerda, a Direita propôs investir no combate ao desmatamento 15 bilhões de coroas até 2012, ou seja, três bilhões anuais. Lars Haltbrekken diz que isso foi decisivo: "Foi importante os conservadores sinalizarem que a floresta tropical deveria entrar no pacto climático. Depois disso, estava garantida a maioria no Stortinget".

Um último passo determinante para que chovessem bilhões sobre as florestas tropicais veio na forma de uma súbita dança de cadeiras no gabinete. Em outubro de 2007, a ministra do Meio Ambiente, Helen Bjørnøy, deixou o governo. Na falta de opções para substituí-la na bancada da ES, o ministro da Cooperação, Erik Solheim, acumulou a pasta e se tornou uma espécie de superministro, responsável tanto pelo Meio Ambiente como pelo Desenvolvimento. Desta forma, o governo pôs um fim na disputa interna para administrar a verba bilionária. Ou, nas palavras mais diplomáticas de Halvorsen, "desta forma pudemos traçar uma estratégia comum".

Ex-líder da ES e uma veterana raposa política, Solheim promoveu uma revolução no ministério do Meio Ambiente. Ele vislumbrou na floresta tropical a possibilidade de inserir a Noruega nas grandes questões mundiais e empenhou todo seu prestígio para conseguir este objetivo.

Embora todos os partidos, exceto o PP, concordassem que a Noruega destinasse os bilhões para as florestas numa espécie de ajuda emergencial para o clima da Terra, uma dúvida permanecia. Qual seria a origem deste dinheiro? Os gestores da RFN e da Amigos da Terra foram previdentes: a ajuda não seria paga com os fundos existentes, mas com uma verba suplementar. A ES concordou, mas os trabalhistas queriam que a quantia fosse retirada do orçamento destinado à cooperação internacional. Solheim e Halvorsen acreditavam que, na prática, isso implicava tirar dinheiro dos mais pobres e houve uma nova cisão no governo, mas um acordo foi costurado em cima da hora. A caminho de Bali para a reunião de ministros das Finanças que antecedia as negociações sobre o clima, Halvorsen tentava resolver o impasse na última hora: "Ainda não tínhamos chegado a um acordo. Liguei para o Jens do carro a caminho do aeroporto", conta ele. "Prestes a embarcar fiquei sabendo que o dinheiro sairia do orçamento da cooperação, que seria *suplementado* com novos aportes."

O compromisso estava assumido. Os bilhões das florestas tropicais sairiam do orçamento da cooperação, que receberia uma injeção de dinheiro além do que já estava provisionado, uma manobra contábil para que ninguém dissesse que a Noruega estava tirando dinheiro dos pobres para financiar ações climáticas. Ao mesmo tempo, o governo, na pessoa de Solheim, poderia afirmar que aquela era uma verba destinada à cooperação internacional, que aproximava a Noruega da meta de investir 1% do PIB nas regiões mais pobres do mundo.

Em 9 de dezembro de 2007, um dia depois de chegar a um acordo com seu ministro das Finanças, Jens Stoltenberg convocou uma entrevista coletiva no gabinete oficial. A ocasião não poderia ser melhor. No dia seguinte, Al Gore e o Painel Climático da ONU receberiam o Nobel da Paz e todos os olhos do mundo estariam voltados para Oslo. Na coletiva, Stoltenberg sentou-se no centro. À sua direita sentaram-se os ministros do Meio Ambiente e Desenvolvimento, Erik Solheim, da ES, e do Petróleo e Energia, Åslaug Haga, do Partido do Centro. Do outro lado estava a oposição: a líder da Direita, Erna Solberg, o líder do Partido Popular Cristão, Dagfinn Høybråten, e o líder da comissão de Energia e Meio Ambiente do Stortinget, Gunnar Kvassheim, do Partido da Esquerda.

"Três bilhões por ano para a floresta tropical", noticiou o diário *VG*.[59] "A contribuição norueguesa pode resultar numa queda brusca na emissão de GEE a um custo baixo", disse Stoltenberg. Logo depois, o primeiro-ministro embarcaria para a Indonésia com Erik Solheim.

Em Bali, Kristin Halvorsen, Lars Løvold e Lars Haltbrekken aguardavam numa grande sala de conferências quando viram Stoltenberg e Solheim surgir pela porta acompanhados de uma multidão de jornalistas. Os cinco foram encurralados e se retiraram para um canto do salão.

"Improvisamos uma reunião ali mesmo", diz Halvorsen enquanto dá um gole na xícara de café. Os jornalistas não afrouxavam o cerco. Halvorsen lembra-se da emoção do momento. Lars Løvold estava especialmente emocionado, recorda ela. Haltbrekken tinha mais experiência com a mídia, Løvold ficava desconfortável diante de tanto assédio, mas nenhum dos dois estava acostumado à fama. Ao mesmo tempo, a reunião dos cinco era um momento histórico. Eles sabiam que, juntos, eram as pessoas por trás de uma proposta que podia fazer a diferença no mundo.

Para a ministra das Finanças, da Esquerda Socialista, um partido que queria se destacar como a principal agremiação ambiental do país, o evento foi inesquecível também por outra razão: "Pela primeira vez podíamos nos orgulhar pela Noruega ser uma nação petrolífera e usar sua riqueza em prol da floresta e do clima".

Onze anos depois de Kristin Halvorsen sentir orgulho pela Noruega ser um país produtor de petróleo, muitos dos seus concidadãos ficaram estupefatos diante da conduta da Norsk Hydro na Amazônia. O escândalo na Alunorte continuou sendo o principal assunto na mídia semanas depois do vazamento. Era uma guerra de acusações: as autoridades e a mídia brasileiras acusavam a Hydro pelos vazamentos. A empresa alegava que tudo não passou de uns poucos metros cúbicos de água da chuva que escorreu por um duto antigo e mal vedado. As pessoas se perguntavam quem teria razão. Então, a bomba explodiu.

A admissão: a verdade sobre o escândalo da Hydro

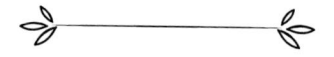

Em 11 de março de 2018, o jornal brasileiro *Diário Online* publicou uma acusação gravíssima. O jornal soube de uma "fonte interna" da Hydro Alunorte que a fábrica escoava água contaminada através de um certo "canal velho" para evitar inundações. Este canal seria decisivo no desfecho do escândalo do vazamento.

"As comportas do canal velho são abertas três vezes por semana para escoar os rejeitos. Sempre à noite, já que as estações de tratamento estão operando na capacidade máxima. Todas as pessoas da empresa sabem do canal e de como ele foi usado para burlar a lei", disse a fonte.[60]

O canal em questão começava no interior da fábrica e seguia paralelamente ao canal da estação de tratamento para desembocar numa vala profunda, escondida atrás de mato e arbustos, e desaguar numa praia do rio Pará, a poucas centenas de metros a oeste. A reportagem do *Diário Online* estava cheia de fotos do canal no terreno da Hydro e da praia tingida de vermelho pela lama que ainda escorria pela vala.

Na Noruega, o *Dagens Næringsliv* foi o primeiro jornal a repercutir a notícia. Eu estava em Copenhague, voltando para casa depois de uma temporada de duas semanas no Brasil, quando tomei conhecimento do assunto. Sentado num café do aeroporto de Kastrup, não conseguia acreditar no que estava lendo. Acabara de voltar de Belém, onde acompanhei pessoalmente as explicações da Hydro sobre o assunto, convencido de que a mídia local havia se excedido na cobertura da crise da Alunorte. Até as medições feitas pelos pesquisadores corroboravam a versão da Hydro. E agora mais essa?

No dia seguinte, a capa do jornal foi implacável. Uma foto enorme de Svein Richard Brandtzæg, CEO da Hydro, acompanhada da manchete em maiúsculas: "HYDRO ADMITE SEQUÊNCIA DE VAZAMENTOS NO BRASIL". Emoldurado por um círculo amarelo sobre a foto, o texto dizia: "Não tinham mais como negar, diz pesquisador". No rodapé da página, também destacado em amarelo, a manchete secundária: "População local não foi informada".[61]

Nas páginas internas, a reportagem era ainda mais crítica. A Hydro era colocada na parede e confrontada com as afirmações anteriores de que não houve vazamentos da Alunorte. Pior para o diretor de comunicação, Halvord Molland, que agora tinha que admitir que houve sim, vazamentos pelo *canal velho* — não apenas um, mas vários. O primeiro ocorreu em 17 de fevereiro de 2018. Desde então, houve outros "periodicamente entre 20 e 25 de fevereiro", de acordo com Molland. A população vizinha não foi comunicada, ele foi obrigado a acrescentar.

— Vocês esconderam tudo isso? — quis saber a repórter Agnete Klevstrand.

— Não, nós informamos às autoridades. Não foi algo que tentamos deliberadamente esconder — respondeu o diretor de comunicação.

— Por que você não mencionou isso à população local nem nas entrevistas à imprensa? — continuou a jornalista.

A resposta do porta-voz da Hydro fala por si: "As perguntas eram sobre vazamentos não controlados. Estes foram vazamentos controlados".

Em 11 de março de 2018, a Hydro admitiu, portanto, que houve vazamentos ilegais da Alunorte. Desta vez não era uma simples infiltração decorrente de um cano defeituoso que estava ali desde a época da construção da fábrica. Agora, era um despejo proposital, "controlado", através de um canal no interior da fábrica, e o volume não era desprezível.

Depois de três semanas negando vazamentos ilegais, a Hydro passava a admitir o contrário. Mesmo assim, garantia que nada do que fez levou a danos ambientais significativos, mas quem lhe daria crédito agora? Como a Hydro, uma empresa com um dos maiores e mais competentes departamentos de comunicação da Noruega, foi parar nesta situação? Era, basicamente, uma aula magna de como não conduzir uma crise de imagem. Em ambos os lados do Atlântico, as pessoas se recusavam a acreditar no que viam, principalmente os próprios funcionários da Hydro, que compreendiam a tragédia institucional que aquilo representava.

A maioria também percebeu que aqueles eram danos auto infligidos. Não foram os vazamentos em si — por maiores ou menores que fossem — a principal razão do desastre. O fator determinante foi a *maneira* como o caso foi conduzido. A gestão da crise foi desprezada desde o primeiro dia, afirma uma das minhas fontes na Hydro. A companhia veio a público negar qualquer ilegalidade. Mesmo assim, foi apanhada em flagrante e se viu num beco sem saída. Do ponto de vista da comunicação, não poderia ser pior.

Olhando em retrospecto, a Hydro admitiu que seus gestores na Noruega não estavam suficientemente bem informados sobre as condições brasileiras. Não demorou muito para o responsável brasileiro perder o cargo, num indício de onde a Hydro acredita que estaria a responsabilidade pelos erros. Pode ser verdade, mas também pode ser que as informações chegassem à Noruega e não fossem tratadas com a devida importância, exceto por um número restrito de pessoas num sistema imenso. Independente disso, a falta de informações não exime de responsabilidade a administração corporativa da Hydro nem o próprio Brandtzæg. É função deles garantir que a empresa opere dentro da lei e forneça informações precisas, tanto interna quanto externamente. Como aponta minha fonte na Hydro, "não basta dizer que a informação não existia. O que você está dizendo com isso é simplesmente que o sistema não funciona. E era sua responsabilidade fazê-lo funcionar".

Depois deste desastre comunicacional, o que se viu na mídia norueguesa foi uma Hydro bem mais humilde. Oito dias depois, o CEO Brandtzæg desculpou-se pessoalmente pelo ocorrido na Alunorte: "Despejamos no rio Pará água da chuva e da enxurrada sem o devido tratamento. É uma conduta completamente inaceitável e viola tudo o que a Hydro representa. Em nome da empresa, quero pedir desculpas aos moradores locais, às autoridades e à sociedade".[62]

O arrependimento chegou tarde. A crise já se estendia por um mês. A ocasião tampouco foi escolhida ao acaso. A fala de Brandtzæg veio no dia seguinte à convocação, pelo então ministro da Indústria, Torbjørn Røe Isaksen, de uma reunião com os gestores da Hydro para explicar os vazamentos. Foi também o dia seguinte à admissão de um *terceiro* vazamento ilegal. Desta vez, um rejeito do depósito de carvão escorreu pelo duto de descarga da fábrica da Albras, e de lá para o rio.

Minha fonte da Hydro não dá tanto crédito ao arrependimento tardio: "Não levo muita fé num arrependimento que ocorre depois de um mês de negativas. É só um jogo de cena".

Quatro semanas depois do dilúvio em Barcarena, a Hydro começou a se dar conta da gravidade das consequências. A empresa fora multada em 20 milhões de reais pelo Ibama e sua reputação estava seriamente abalada. Sustentabilidade e responsabilidade social corporativa deveriam ser a pedra de toque da Hydro, e uma vantagem competitiva em relação a outras indústrias de alumínio, principalmente chinesas, que oferecem produtos a preços mais baixos. Agora, a Hydro encarnava uma vilã ambiental.

O que mais preocupavam Brandtzæg e a Hydro era o corte imposto à produção da Alunorte. A maior refinaria de alumina do mundo produz anualmente mais de seis milhões de toneladas. São 500 mil toneladas por mês, ou cerca de 17 mil toneladas por dia. A Alunorte sozinha responde por cinco por cento do volume mundial de alumina, e agora precisaria reduzi-lo em 50% num prazo exíguo. É complicado. É caro. E criaria problemas para o restante das operações da Hydro, especialmente para as minas de bauxita de Paragominas e do rio Trombetas e para a fundição da Albras, nos dois extremos da cadeia produtiva. Reduzir para metade a produção numa refinaria de alumina localizada no centro de uma cadeia de valor teria reflexos imediatos em outros locais — um impacto bem conhecido, especialmente pela comunidade de investidores.

Assim que a notícia do vazamento surgiu, as ações da Hydro começaram a cair. Um mês depois, haviam desabado 15% — um prejuízo de mais de 7,5 bilhões de reais. Para os analistas do DNB, era impossível prever quando a crise terminaria, mas já era certo que impunha à Hydro perdas de 200 milhões de reais — por mês.[63] Nada pode ser tão ruim para uma corporação quanto um prejuízo desta magnitude. Nenhum administrador permanece no cargo por muito tempo num cenário assim.

Foi, portanto, com o semblante abatido que Svein Richard Brandtzæg foi entrevistado no célebre talk show *Torp*, da *NRK*. Com sua característica cabeleira prateada, o apresentador Ole Torp encarou a câmera e decretou, sob a dramática trilha sonora de abertura: "A crise da Norsk Hydro vai de mal a pior". O entrevistador quis saber quando o CEO tomou conhecimento da crise no Brasil.

— Como e onde você foi avisado? — perguntou Torp.

— Eu estava na verdade em Londres — disse Brandtzæg. O CEO explicou que estava no meio de um giro internacional para se reunir com investidores e à noite recebeu a informação de que "algo estava para acontecer" no Brasil. Saiu correndo pela rua, tomou um táxi para o aeroporto de Heathrow e embarcou no primeiro voo para Oslo, onde convocou uma reunião de emergência com o conselho diretor assim que chegou. Em seguida, embarcou num avião para o Brasil.

— A primeira coisa que fiz foi verificar a situação dos moradores, pois as notícias iniciais davam conta de que nossos vizinhos estavam sofrendo com problemas básicos como abastecimento de água potável — disse o chefe da Hydro no programa.

Para um público que não está familiarizado com o caso, parece uma conduta imaculada de um executivo cioso de uma empresa séria. Mas a julgar pela cronologia e pelas circunstâncias, a fala de Brandtzæg não merece tanto crédito. Em vez disso, revela sua total falta de discernimento. O apresentador perguntou como o executivo foi avisado da "crise" desencadeada pela chuva. A maneira como Brandtzæg interpretou a pergunta é curiosa: respondeu que recebeu um telefonema do Brasil quando estava em Londres. A questão é que Brandtzæg estava em Londres dez dias *depois* que surgiram as primeiras acusações de vazamentos ilegais e contaminação do abastecimento de água. Obviamente, já havia sido informado sobre o assunto, ou pelo menos deveria ter sido. O fato de que contou a mesma história para o *Dagens Næringsliv* dias depois indica que nem ele nem a Hydro consideravam a situação uma "crise" até o governo brasileiro entrar em ação, isto é, até terem recebido as multas e as sanções. A jornalista do *Dagens Nærlingsliv* insistiu exatamente nesta questão: "Então somente quando houve a ameaça de reduzir a produção o assunto passou a ser considerado uma crise?". "Sim, porque os sinais recebidos do Brasil eram de que o problema havia sido tratado adequadamente", foi a resposta de Brandtzæg.[65]

A afirmação se choca frontalmente com os comunicados públicos da Hydro, segundo os quais a preocupação com o bem-estar dos moradores vinha em primeiro lugar. No programa de Ole Torp, a "maior preocupação" de Brandtzæg era a questão da água potável. Não é uma afirmação plausível. Se o abastecimento de água dos moradores vizinhos estivesse no topo da lista de prioridades do chefe da Hydro, a empresa poderia ter feito muito mais para ajudá-los, não apenas em relação às chuvas de fevereiro, mas ao longo dos anos em que a Hydro assumiu o controle total da Alunorte.

Exceto por este particular, que requer um bom conhecimento do assunto para ser apontado, o CEO saiu-se muito bem na entrevista. Brandtzæg parecia bem-intencionado e ponderado. Bateu na tecla de que "não houve vazamento dos depósitos de lama vermelha", uma frase que repetiu quatro vezes, e conseguiu dar seu recado.

Depois que a empresa apresentou, dias antes, os resultados de auditorias internas e externas, este passou a ser o cerne da questão para a comunicação da Hydro. Ambos os relatórios concluíram que não houve vazamento dos depósitos de lama vermelha, ratificando as conclusões do Ibama e da Semas. O que a Hydro deixou de dizer foi que havia assumido a responsabilidade por vazamentos ilegais de outros líquidos poluentes, bem como por condutas criminosas que resultaram em multas pesadas e num corte drástico na produção, tudo para criar a falsa impressão de que nenhum vazamento ilegal teve lugar naquela fábrica. Nem todos ficaram convencidos: "A Hydro se isenta da emissão de poluentes no Brasil", foi a manchete do semanário *Teknisk Ukeblad* sobre o assunto.[66]

Mesmo assim, o departamento de comunicação da Hydro parecia ter assumido as rédeas do caso. A questão é se isso seria o suficiente. Como costumam enfatizar os especialistas em RP, a comunicação por si não dá conta de resolver todos os problemas, e os escândalos em Barcarena eram um bom exemplo disso. O caso tinha implicações políticas profundas, tanto na Noruega como no Brasil. O escândalo dos vazamentos não contaminou apenas a floresta e o rio Pará, mas também a relação entre os dois países. No Brasil, o presidente Temer e o ministro Sarney Filho eram frequentemente confrontados com a questão. Na Noruega, a pressão sobre o ministro da Indústria, Torbjørn Røe Isaksen, aumentava. O que seu ministério tinha a dizer sobre o assunto, afinal? A conduta da Hydro era a que se esperava de uma empresa majoritariamente estatal? O que fez Isaksen para que a Hydro respeitasse as diretrizes da política acionária do Estado?

Até então, nem o ministro nem sua pasta haviam se pronunciado publicamente. Procurado pela imprensa brasileira, o secretário Magnus Thue respondeu por e--mail que a Noruega era uma "acionista minoritária" e não acompanhava o dia a dia das operações.[67] Exceto por esta manifestação, o governo norueguês silenciou, mas o ministério da Indústria mantinha-se em contato permanente com a empresa. Foi aí que o ministro decidiu tomar uma das medidas mais graves que lhe caberia numa crise desta proporção: pediu explicações por escrito ao conselho diretor.

"Refere-se esta a uma correspondência do ministério da Indústria e da Pesca, enviada pela chefe de expedição Mette I. Wikborg e pela conselheira-sênior Mari Huuhka Killingmo, datada de 14 de maio de 2018, na qual se solicita uma manifestação por escrito do conselho diretor da Norsk Hydro ASA",[68] lê-se no cabeçalho da resposta da Hydro ao ministério.

Para qualquer um alheio ao aparato estatal, pode parecer uma mera firula burocrática, mas pedir formalmente uma explicação por escrito é a medida mais drástica que o ministério pode tomar contra uma empresa privada que tem o Estado norueguês como principal acionista. Por conseguinte, responder a uma manifestação desta natureza é uma das mais graves e decisivas ações de um conselho diretor. No limite, este processo pode resultar na perda de confiança do governo no conselho diretor, e na demissão de todos os seus integrantes. Já aconteceu antes. Em 2015, a então ministra da Indústria, Monica Mæland, do Partido da Direita, apresentou uma moção de desconfiança ao CEO da Telenor, Svein Aaser, devido à maneira como a telefônica lidou com acusações de corrupção na VimpelCom, da qual era acionista minoritária. Aaser perdeu o cargo.[69] No outro extremo da escala, o ministério apenas agradece pelos esclarecimentos enviados e tudo continua como antes. Para um ministro, pedir esclarecimentos por escrito é também uma maneira de demonstrar poder, ou, nas palavras de um ex-funcionário do ministério da Indústria, "um jeito de tirar o seu da reta". No caso da Hydro, a motivação foi essa.

Na resposta, o conselho da Hydro abordou as condições acionárias no Brasil, o caso do vazamento da Alunorte, o sistema de gestão interna e a maneira como a diretoria se comportou diante do escândalo do vazamento. O texto é uma leitura interessante e, em vários trechos, uma aula de retórica. O evento em si é chamado de "Caso Alunorte". Os termos "vazamento" ou "derramamento" só aparecem na terceira página do documento em frases como "acusações de vazamento tóxico". A Hydro procura, assim, desviar a atenção do cerne da questão — os vazamentos ilegais — e lançar dúvidas sobre possíveis danos ocorridos. É certo que a empresa admite que o IEC encontrou um dreno que vazou, mas só menciona o fato na página 17, num dos anexos. É a bem conhecida estratégia de varrer para baixo do tapete detalhes incômodos.

Outra abordagem clássica vemos no emprego de certos conceitos. Em todas as ocasiões em que as palavras "vazamento" ou "irregularidades" são mencionadas, a Hydro prefere dizer que "não tinha licença" para agir daquela forma. Descartar rejeitos sem licença é ilegal, tanto no Brasil como na Noruega. É um crime passível de sanções. A bem da verdade dos fatos, a empresa deveria dizer que agia à margem da lei, operava ilegalmente ou infringiu a lei ambiental. Cada um sabe das palavras que usa.

Chama a atenção também os assuntos que merecem destaque no texto. A maior parte aborda os sistemas e procedimentos formais da Hydro, e as medidas adotadas na esteira dos vazamentos. Há pouca informação sobre os vazamentos em si, as queixas da comunidade local e os resultados de investigações conduzidas por terceiros. Sobre a omissão de informações da parte da Hydro não há nenhuma menção. Para citar apenas um exemplo: quando as notícias sobre o vazamento vieram a público, no dia 11 de março, primeiro na imprensa brasileira e em seguida na norueguesa, o ponto central é que a empresa havia ocultado a informação. Na carta do conselho, a questão é relatada de outra forma. "11 de março: A Hydro divulga que o canal velho foi usado em duas ocasiões devido às chuvas, e isso foi comunicado às autoridades ambientais". Nada sobre os moradores e a imprensa, que forçaram a Hydro a tornar esta informação pública. Nenhuma palavra sobre as negativas anteriores diante de vazamentos desse tipo.[70]

Não se espera que a Hydro divulgue informações que a incriminem. Do ponto de vista da comunicação, o texto do conselho segue o que reza o manual, omitindo as informações prejudiciais à causa que quer defender. No entanto, a Hydro não faz bem à própria imagem tentando, mais uma vez, tapar o sol com a peneira, exatamente como antes, dirigindo-se ao público norueguês e a comunidade local de Barcarena. No texto, esta conduta fica evidente também na comunicação com o ministério da Indústria.

A resposta da Hydro põe a nu valores e prioridades que, ao menos para mim, não se coadunam com as ambições da empresa em ser uma líder mundial em questões ambientais e sociais. Prova disso é, por exemplo, o fato do conselho diretor considerar sua principal tarefa a "retomada de 100% da produção" da Alunorte — uma visão estreita do papel da Hydro em Barcarena em meio a uma crise tão grave. O conselho poderia dizer que a principal tarefa da Hydro seria restaurar a confiança da população local e das autoridades brasileiras, ou ainda ajudar a comunidade de Barcarena a resolver um problema crítico numa situação de crise, e neste caso deveria priorizar outras medidas, não as que de fato tomou. Em nenhum trecho o conselho menciona a necessidade de trabalhar em parceria com a sociedade brasileira, embora aponte explicitamente a obrigação de fornecer informações precisas aos mercados internacionais.

É exatamente aqui que o relatório revela a maior fraqueza da Hydro neste ponto: a empresa não consegue se ver como parte integrante da comunidade. Tanto antes como durante a crise, o conselho diretor e a gestão priorizam a produção, o mercado e os acionistas — às expensas das pessoas, da sociedade e da natureza.

Às vezes, o paradoxo em relação à postura da Noruega diante da floresta é tão explícito que é impossível ignorar: ao mesmo tempo que o escândalo do vazamento em Barcarena azedou a relação entre a Noruega e o Brasil, as autoridades ambientais de ambos os países planejaram realizar uma grande festa para celebrar os dez anos de criação do Fundo Amazônia.

A Noruega investiu mais de 3,5 bilhões de reais no fundo desde que foi criado, tornando-se de longe a maior doadora. Nada indicava que seria assim. Muita coisa estava em jogo, no mundo inteiro, até o acordo ser assinado, fruto de muitas coincidências e de uma boa dose de sorte. As pessoas mais importantes para que tudo desse certo ao final foram cinco pesquisadores climáticos, um policial indiano, um burocrata brasileiro e um superministro norueguês.

O complicado nascimento do Fundo Amazônia

A sala de reuniões do ministério do Meio Ambiente está lotada. Através das claraboias inclinadas, tem-se uma visão única da histórica fortaleza da Akershus, em Oslo. É maio de 2008, e no centro das atenções está Tasso Azevedo. O burocrata do ministério do Meio Ambiente brasileiro aponta energicamente o indicador para a tela com os slides da apresentação que ele próprio fez. "Olhem aqui! O dinheiro da Noruega complementa os esforços do Brasil, e vocês só vão pagar se nós conseguirmos de verdade diminuir o desmatamento na Amazônia", diz ele. "É um ganha-ganha!"

Entusiasmado, Azevedo acabou de frisar que o presidente Luiz Inácio Lula da Silva, um dos políticos mais populares do seu tempo, planejava a criação de um novo fundo para proteger a floresta amazônica. A iniciativa se chamava Fundo Amazônia e o País queria o apoio da Noruega. Eles sabiam que a reunião em Oslo era promissora. Meses antes, durante a cúpula do clima em Bali, o primeiro-ministro Jens Stoltenberg foi recebido com uma chuva de aplausos ao apresentar o bilionário projeto para proteger as florestas tropicais do planeta. A *NRK* o chamou de "superestrela internacional da conservação das florestas",[72] enquanto para o diário *VG* Stoltenberg era o "rei das florestas tropicais".[73] Por seus esforços em favor da proteção ambiental, o ministro do Meio Ambiente e Desenvolvimento, Erik Solheim, recebeu da ONU o prêmio *Champion of The Earth* e da *Time* norte-americana o prêmio *Hero of the Environment*.

O que poucas pessoas sabem é que a proposta de destinar bilhões à floresta partiu das organizações RFN e Amigos da Terra. A ideia em si nasceu no Brasil, mas só chegou à Noruega depois de fazer uma escala na Índia. O instante decisivo ocorreu em Nova Délhi, e se materializou graças a um abnegado policial local.

Os bastidores: durante as negociações internacionais sobre o clima na capital indiana, em 2002, cinco pesquisadores do Brasil e dos EUA apresentaram uma proposta para introduzir a floresta tropical num futuro acordo climático. Os cinco queriam que países ricos e industrializados ajudassem países mais pobres, com grande cobertura florestal, a reduzir o desmatamento. A lógica por trás da proposta era que a redução do desmatamento significava também menores emissões de GEE. O modelo dos cinco pesquisadores passou a ser chamado de "redução compensada"[73], e se baseava no esquema de cotas que a Noruega e Jens Stoltenberg introduziram no primeiro acordo de Kyoto, o chamado mecanismo de desenvolvimento limpo (MDL). Por ele, países ricos poderiam adquirir de países pobres cotas de projetos que reduzissem a emissão dos GEE, sob a premissa de que reduzir as emissões no hemisfério sul seria bem mais barato. A relação custo-benefício seria maior. O problema do MDL, e do protocolo de Kyoto como um todo, segundo os cinco pesquisadores, era que as emissões de GEE decorrentes da destruição das florestas mundiais havia ficado de fora. Essa era uma das razões pelas quais o desmatamento era tão elevado nos trópicos, argumentavam eles. E no alto do pódio dos países desmatadores estava o Brasil.

Cerca de 80% das emissões mundiais de GEE no início da década de 2000 provinham da queima de combustíveis fósseis. A maior parte dos 20% restantes tinha origem no desmatamento e na drenagem de mangues e áreas pantanosas. Os maiores poluentes eram os EUA e a China, onde o perfil das emissões era o mesmo da média mundial. Nos dois outros países da lista, Brasil e Indonésia, o perfil de emissões era o oposto. Embora ambos tivessem cerca de 200 milhões de habitantes e uma sólida infraestrutura industrial e de transportes, cerca de 80% das suas emissões provinham da queima de floresta, extração de madeira e drenagem de áreas pantanosas. Portanto, a maior contribuição de ambos para reduzir as emissões estaria necessariamente associada a uma redução do desmatamento. A questão era apenas como isso deveria ocorrer, e, sobretudo, como seria financiada. O grupo dos cinco achou que tinha encontrado uma solução.

As negociações internacionais sobre o clima são caóticas, envolvem uma maratona de reuniões e uma pauta que não parece ter fim. Uma multidão de pesquisadores, jornalistas, ativistas, burocratas, industriais, políticos e negociadores de todo o mundo se deslocam de reunião em reunião. Quando chegou a vez dos cinco pesquisadores, o auditório reservado para apresentarem a proposta de compensação reduzida ainda estava ocupado com a sessão anterior. As pessoas não paravam de chegar, não havia outro salão vago onde pudessem apresentar suas conclusões. Bastante apreensivos, os cinco decidiram improvisar montando seus equipamentos na escadaria do hall de entrada do auditório que haviam reservado. Além da evidente quebra de protocolo, era preciso convencer o policial que fazia a segurança e conseguir uma extensão elétrica. A solução foi a seguinte: os pesquisadores pediram ao policial, o mais educadamente possível, para ajudá-los a conseguir um cabo de extensão. Fizeram questão de frisar que o homem não estava ali para aquilo, mas estavam dispostos a lhe ajudar com cem dólares pelo inconveniente. A extensão apareceu. O pagamento foi esquecido.

— A apresentação foi um sucesso — recorda-se anos depois um dos cinco, o brasileiro Márcio Santilli, do Instituto Socioambiental (ISA). A novidade na proposta, que ele ajudou a formular, era a meta ambiciosa. Uma das principais objeções à inclusão de florestas nos acordos climáticos era o fato de que a redução do desmatamento num determinado lugar levaria a um aumento do desmatamento em outro, empatando o jogo. No jargão dos negociadores, este efeito passou a ser conhecido como "vazamento".

Os cinco pesquisadores apresentaram então a ideia de *projetos nacionais*, e sugeriram que a mensuração do desmatamento em cada país fosse atrelada ao financiamento. Desta forma, os "vazamentos" seriam evitados. A ideia foi tão bem recebida que fez Santilli prometer uma sugestão ainda melhor para a próxima rodada de negociações.[74]

Neste ínterim, ele e os outros pesquisadores escreveram o artigo *Tropical Deforestation and the Kyoto Protocol* [Desmatamento Tropical e o Protocolo de Kyoto] no periódico *Climatic Change*. O artigo é hoje considerado um clássico e conta com milhares de citações. A proposta de redução compensada ficaria conhecida pelo acrônimo em inglês REDD, de *Reduced Emissions from Deforestation and Forest Degradation in Developing Countries* [Emissões Reduzidas do Desmatamento e Degradação Florestal nos Países em Desenvolvimento]. Mais tarde, passou a abranger conservação florestal, reflorestamento e medidas similares, dando origem à designação REDD+.

De volta ao País, os pesquisadores brasileiros reuniram-se com a recém-empossada ministra do Meio Ambiente, Marina Silva. O ano era 2003, e o primeiro governo Lula engatinhava. Motivada pela rápida degradação dos hábitats na Amazônia e pela preocupação com a biodiversidade, as populações nativas, o clima e, também, com a competitividade mundial das empresas brasileiras, a ministra já tinha anunciado que o combate ao desmatamento seria uma de suas prioridades.

Em 2004, o governo Lula encampou os princípios da redução compensada e começou a trabalhar pela aceitação internacional deste conceito. Em casa, o governo lançou um plano novo e mais abrangente contra o desmatamento na Amazônia, que trazia uma mudança conceitual: pela primeira vez um governo brasileiro adotava uma abordagem conjunta contra o desmatamento

Melhor ainda: funcionava! De 2004 a 2007, o desmatamento anual na Amazônia brasileira foi reduzido pela metade. O País deixou de ser um dos maiores desmatadores e agora se comportava como o melhor aluno da sala. Com isso ganhou a admiração mundial. Todos se perguntavam o que havia acontecido e quais eram as lições a aprender. Em Oslo, o governo trabalhista-verde e a oposição conservadora estavam à caça de bons projetos climáticos.

Assim como a proposta norueguesa de destinar bilhões às florestas tropicais partiu das organizações ambientais, a criação do Fundo Amazônia foi uma sugestão dos ambientalistas brasileiros. No início de 2007, todas as organizações ambientais brasileiras, incluindo os pesquisadores que estiveram em Nova Délhi cinco anos antes, uniram-se no Pacto pelo Desmatamento Zero na Amazônia.[76] Os bons resultados na luta contra a destruição da floresta trouxeram otimismo e elevaram as metas a um novo patamar. A proposta era nada menos que zerar o desmatamento até 2015. O pacto recebeu o apoio de empresas e governadores de todos os estados da Amazônia. Com Marina Silva à frente do ministério do Meio Ambiente, eles tinham um canal aberto com o governo federal. O desmatamento zero era factível, só restava tentar o apoio da comunidade internacional para financiá-lo.

O avanço mais importante ocorreu em Bali, na Indonésia, em dezembro de 2007, um dia depois da reunião improvisada entre os ministros e ambientalistas noruegueses, quando o primeiro-ministro Stoltenberg anunciou ao mundo os bilhões para a floresta tropical. A promessa foi recebida com aplausos e elogios, mas alguns críticos se perguntaram como a Noruega conseguiria investir tanto dinheiro. Existiriam de fato projetos que pudessem absorver recursos tão grandes de maneira adequada? Mais tarde naquele mesmo dia, depois que a imprensa se deu por satisfeita, Erik Solheim ficou caminhando a esmo pelo salão de conferências vazio. Um ambientalista norueguês aproveitou a oportunidade para convencê-lo a assistir à apresentação brasileira no auditório ao lado. Lá dentro, Tasso Azevedo estava prestes a subir ao palco.

— Passamos semanas preparando nossa apresentação — me disse Azevedo quando nos encontramos no corredor defronte ao bar do hotel SAS, em Oslo, para a celebração dos dez anos do Fundo Amazônia, com as presenças do então ministro do Clima e Meio Ambiente, Ola Elvestuen e seu homólogo brasileiro, Edson Duarte.

Azevedo continua: "O nome que demos à nossa proposta era comprido demais. Era algo como fundo internacional voluntário de apoio à redução do desmatamento na Amazônia brasileira. Nem cabia no primeiro slide. Cinco minutos antes de subir ao palco decidimos chamá-lo simplesmente de Fundo Amazônia".

No salão estava a ministra do Meio Ambiente, Marina Silva, que sequer fora informada da mudança. Ela conseguiu convencer o ministro das Relações Exteriores, Celso Amorim, a acompanhá-la. Até então, o chanceler Amorim via o projeto com reservas. Todos achavam que a proposta era boa, mas poucos acreditavam plenamente que alguém fosse apoiá-la. Amorim compartilhava deste ceticismo. Afinal, quem estaria disposto a pagar por resultados que já haviam sido alcançados? No estresse para preparar a apresentação, os brasileiros não se aperceberam da promessa bilionária feita pela Noruega mais cedo no mesmo dia. Não sabiam, portanto, que a resposta para a dúvida que tinham estava a poucos metros de distância.

— Nossa apresentação correu muito bem. Mesmo assim não esperávamos mais do que um apoio das pessoas na plateia, mais por cortesia — explica Azevedo. Assim que terminou de falar, Erik Solheim se levantou e pediu a palavra. Disse: "Sou o ministro do Meio Ambiente e Desenvolvimento da Noruega. Acho que esta proposta é boa. A Noruega gostaria de ser a primeira a contribuir com o Fundo Amazônia".

No hotel SAS, Azevedo arregala os olhos e abre os braços para ilustrar como ele e seus companheiros ficaram surpresos.

Depois tudo correu muito rápido. No início de 2008, o governo norueguês estabeleceu sua iniciativa para o clima e as florestas, conhecida na Noruega como KOS e, internacionalmente, como NICFI. Um pouco mais tarde, Per Fredrik Ilsaas Pharo foi contratado como subgerente e, no dia seguinte à posse, embarcou para o Rio de Janeiro com o objetivo de costurar um acordo com os brasileiros.

— O texto do acordo veio do Brasil — conta ele.
— Não mudamos uma só vírgula. — Era um documento curto e simples. A Noruega pagaria apenas mediante resultados concretos alcançados, sem a necessidade de fazer contas complexas e indicadores quantitativos que normalmente embasam acordos bilaterais. Era preciso apenas comparar o desmatamento anual com uma média histórica para chegar à quantia que o Brasil deveria receber. Uma vez definida a média histórica, o conteúdo de carbono por hectare de floresta e o preço da tonelada de carbono, o resto era pura matemática. Os recursos noruegueses seriam transferidos para o Fundo Amazônia, administrado pelo BNDES, o mesmo que, sem o S de Social, emprestou enormes quantias para a Borregaard e para Erling Lorentzen na década de 1970. O dinheiro financiaria projetos cujo objetivo fosse reduzir ainda mais o desmatamento. Nas palavras de Ilsaas Pharo, "a genialidade do Fundo Amazônia está na simplicidade".

Alguns meses depois, Jens Stoltenberg e Erik Solheim embarcaram para o Brasil para assinar o texto final. Uma fotografia desta viagem ficou marcada na minha lembrança. Mostra Stoltenberg e Solheim a caminho da floresta tropical, juntamente com Carlos Minc, sucessor de Marina Silva no ministério do Meio Ambiente. Ladeado por ambos, a uma boa distância do fotógrafo, aparece um Stoltenberg um tanto rígido e posado. O ministro Minc usa um chapéu de abas largas e aparenta descontração. Solheim, um passo atrás, é só sorrisos.[77]

Obviamente, os três não estavam ali fazendo uma caminhada pela floresta para relaxar. Aproveitaram uma brecha na agenda apertada para usar a natureza como cenário para uma boa foto jornalística, ainda que feita sob o calor infernal da floresta. A foto ficou ótima e estampou as páginas da maioria dos jornais brasileiros e noruegueses no dia seguinte. Naquele setembro de 2008, a Noruega se comprometeu a investir até 3,25 bilhões de reais na floresta tropical brasileira.

O que estariam os três pensando naquela caminhada? O primeiro-ministro e economista social Stoltenberg provavelmente repetia seu mantra: preservar a floresta é a maneira mais rápida e econômica de combater as mudanças climáticas. Mas será que não tinha em mente também os interesses petrolíferos da Noruega? E as consequências do Fundo Amazônia numa barganha futura para aumentar as emissões de gases pela Noruega?

O ministro Solheim decerto estava refletindo sobre a formidável oportunidade de mudar a lógica econômica das florestas tropicais do mundo. Até então, as árvores só tinham valor na forma de troncos, e os terrenos de floresta eram medidos pelo equivalente em áreas de pasto ou de cultivo de soja ou óleo de palma, também conhecido como azeite de dendê. O acordo com o Brasil poderia se tornar um divisor de águas na maneira como o mundo se relacionava com as florestas tropicais.

O novo ministro brasileiro provavelmente estava satisfeito pelo País ter celebrado um importante acordo costurado pela sua antecessora no cargo para reduzir o desmatamento e a emissão de GEE. O dinheiro norueguês irrigaria o Fundo Amazônia e de lá financiaria iniciativas privadas e estatais, definidas pelos próprios brasileiros. Desta forma estava excluída uma indesejável interferência internacional na soberania brasileira, algo que tanto o presidente Lula quanto chanceler Amorim fizeram questão de deixar claro.

Quando Solheim e Stoltenberg estiveram no Brasil para a assinatura do documento final, não chegaram a se encontrar com Marina Silva. Ela havia se demitido do cargo de ministra. O novo governo Lula ignorava o meio ambiente, segundo ela, que preferiu renunciar. Sua principal rival no governo era outra mulher: a chefe de Gabinete e ex-ministra das Minas e Energia Dilma Rousseff, que mais tarde se tornaria a primeira presidente do Brasil.

Em outras palavras, nuvens negras estavam se acumulando no horizonte da política ambiental já na assinatura do acordo sobre o Fundo Amazônia. Paralelamente ao crescimento gradual do fundo, a tempestade em formação castigaria o Brasil pela próxima década. O governo de Dilma Rousseff (2011-16) foi marcado por grandes projetos desenvolvimentistas na região amazônica, como a já mencionada hidrelétrica de Belo Monte, bem como por ataques constantes à legislação ambiental. O ponto mais baixo nesta derrocada foi quando seu sucessor, Michel Temer, usou o meio ambiente e os direitos humanos como moeda de troca para evitar ser investigado criminalmente, o que levaria ao vexame diante da primeira-ministra Erna Solberg, nove anos mais tarde. Depois disso, o que era ruim só piorou. Em 1º de janeiro de 2019, Jair Bolsonaro seria empossado o 38º presidente do Brasil e se encarregaria de implementar uma política de terra arrasada no ministério do Meio Ambiente o qual chegou a prometer, durante a campanha eleitoral, que seria fechado. Bolsonaro avisou que iria "acabar com o ativismo ambiental xiita" do Ibama, acenou com a saída do Brasil do Acordo de Paris e deu o sinal verde para a "exploração" da Amazônia.

Como seria possível avaliar o desempenho do Fundo Amazônia? A maioria das pessoas, na qual me incluo, está bastante satisfeita com os resultados alcançados até agora. Mais de cem projetos, desde ações ambientais em pequenas comunidades indígenas até o monitoramento por satélite da bacia amazônica, só foram possíveis graças ao fundo. Juntos, contribuíram para menos desmatamento e menores emissões de GEE. Com efeito, nenhum país do mundo reduziu suas emissões como o Brasil dos últimos quinze anos, e o Fundo Amazônia é uma das razões para isso. O corte nas emissões do País provém exclusivamente da redução do desmatamento. Emissões de GEE oriundas de outras fontes aumentaram.

Até 2020, o apoio da Noruega ao Fundo Amazônia somou 4,15 bilhões de reais. Além disso, a Alemanha e a Petrobras contribuíram com algumas centenas de milhões cada. É muito dinheiro, mas vale cada centavo se significar a preservação da floresta amazônica, a interrupção do aquecimento global e a melhoria das condições de vida dos povos da Amazônia.

— O esforço da Noruega em prol do clima e das florestas é nada menos que a iniciativa ambiental mais importante do mundo. É fundamental tanto para o clima como para a biodiversidade preservar o que resta das florestas tropicais do planeta, e para isso a participação do Brasil é decisiva — disse, em 2017, a diretora do WWF Noruega, Nina Jensen.[78]

Há quem seja menos otimista. "O Fundo Amazônia é uma iniciativa neocolonialista! O Fundo Amazônia resulta em índios conservadores e neoliberais!" Quem afirma não é qualquer um, mas Felipe Milanez, um dos jornalistas ambientais mais conhecidos do Brasil, ex-editor da *National Geographic Brasil*. Ele acredita que este tipo de ajuda internacional aproxima comunidades locais e povos indígenas de uma lógica comercial e capitalista e tem um efeito deletério em toda a sociedade. "Cite um único projeto apoiado que seja bom para a Amazônia", me desafia ele durante um café durante a comemoração do aniversário de dez anos do fundo. Pego de surpresa, o primeiro exemplo que me ocorreu foi o Cadastro Ambiental Rural (CAR), que já permitiu o registro de milhões de propriedades e pode ser uma ferramenta importante na luta contra o desmatamento. Milanez não se deixou impressionar. Segundo ele, o registro serve aos interesses dos grileiros ao permitir a legalização de propriedades ilegais. Como o CAR baseia-se em autodeclarações, qualquer um pode registrar propriedades que não possui de direito e apostar que serão legalizadas no futuro. Fraudes assim já foram, inclusive, reveladas.

Este livro não pretende aprofundar esta discussão, mas reconhece que a ressalva de Felipe Milanez expõe alguns dos vários dilemas do Fundo Amazônia, obstáculos que se sobrepõem à luta do Brasil e da Noruega contra o desmatamento. Medidas em prol da conservação florestal acabam tendo desdobramentos em outras áreas como cultura local, tradições indígenas ou exploração econômica. E, sim, é verdade que alguns povos indígenas se tornaram dependentes deste dinheiro para tocar seu dia a dia. Por outro lado, a alternativa de não dispor de recursos para investir em escolas e saúde seria pior.

Num contexto maior, a contribuição norueguesa ao Fundo Amazônia tem efeitos limitados. O que determina de fato o desenvolvimento da Amazônia são os mercados internacionais e a política econômica brasileira. É aqui onde está o grosso do dinheiro. O BNDES é o melhor exemplo disso. O banco que administra os bilhões do Fundo Amazônia investe, a cada ano, uma quantia exponencialmente maior em projetos que agridem o meio ambiente na região. Entre eles estão a pecuária extensiva, cultivo de soja, construção de estradas e de hidrelétricas como Belo Monte. Um dos objetivos do movimento ambientalista brasileiro ao sugerir que o BNDES administrasse o Fundo Amazônia foi aproximar o banco das questões ambientais. Até aqui, a tentativa foi um fracasso.

Tanto na Noruega como no Brasil surgem dúvidas sobre a real motivação por trás do apoio norueguês. O que a Noruega espera em troca desse dinheiro? Existe alguma relação entre o apoio e o crescimento vertiginoso da participação norueguesa na indústria petrolífera do Brasil? Não se deve fazer acusações levianas nem reduzir os bilhões destinados à floresta a uma moeda de troca. As medidas tomadas são boas e os resultados obtidos, importantes. Eles falam por si.

Mesmo assim, de vez em quando políticos poderosos fazem afirmações que repercutem no setor industrial e geram uma certa inquietação. Em 2010, dois anos depois da assinatura do acordo sobre o Fundo Amazônia, o então ministro do Petróleo e Energia da Noruega, Terje Riis-Johansen, do Partido do Centro, esteve no Brasil. Na opinião dele, "um bilhão de dólares para o Fundo Amazônia facilitou a entrada da Noruega na indústria petrolífera brasileira".[79]

A afirmação de Riis-Johansen pode ser interpretada de várias maneiras. Pensando positivamente, é uma constatação neutra de que boas relações na esfera política (envolvendo a floresta tropical) facilitam negociações e investimentos num outro setor (envolvendo o petróleo). Uma abordagem mais crítica diria que se trata de um cálculo cínico do ministro e do setor petrolífero: bilhões de coroas para a proteção das florestas é o preço a pagar para obter mais receitas extraindo óleo na plataforma continental brasileira.

Com o Fundo Amazônia, o apoio da Noruega à floresta tropical brasileira alcançou um crescimento excepcional. O outro lado da relação paradoxal com a Amazônia também explodiu: hoje o investimento industrial é cerca de mil vezes maior do que era na década de 1970. A Norsk Hydro responde sozinha pela maior parte disso.

A maior aquisição estrangeira da história da Noruega

— Usamos nossos cinco por cento no Trombetas para comprar e vender. E ganhamos bastante dinheiro.

É novamente Harald Martinsen quem discorre sobre a história da Hydro no Brasil. Na década de 1980, a Hydro e a ÅSV se fundiram. A empresa incorporada passou a se chamar Norsk Hydro, e ainda possuía cinco por cento da mina do Trombetas, o que lhe dava o direito de vender cinco por cento da produção de bauxita, algo bastante lucrativo. "Era muito difícil transferir dinheiro para fora do Brasil naquele tempo. Por isso o excedente foi aplicado no que era o negócio principal da Hydro, fertilizantes químicos", conta Martinsen.

Até a década de 2000, a Hydro era de longe o maior conglomerado industrial da Noruega. A espinha dorsal da empresa era, como sempre foi desde sua criação, em 1905, a produção e venda de fertilizantes químicos. Ao mesmo tempo, a empresa atuava na exploração de petróleo, criação de salmões em cativeiro, fabricação de remédios, alumínio e produtos químicos. Além disso, estava presente na indústria alimentícia, com as empresas de chocolates e confeitos Freia e Marabou. Toda a divisão de fertilizantes foi desmembrada e se tornou a empresa Yara, hoje uma das maiores produtoras de fertilizantes do mundo e a maior do Brasil. Foi portanto o lucro da Hydro no projeto Trombetas que lançou as bases para as operações da Yara no País.

— Mas como o interesse da Hydro pelo alumínio no Brasil voltou a crescer? — perguntei.

Para responder, Harald Martinsen me conduz por uma viagem pela Amazônia e pela indústria aluminífera mundial. Primeiro, a estatal Vale do Rio Doce construiu a fundição Albras em Barcarena, na década de 1980, em parceria com a japonesa Nippon Amazon Aluminum Company. A Albras tinha à disposição a energia barata fornecida pela recém-construída hidrelétrica de Tucuruí, a 500 quilômetros a sudoeste — uma obra que resultou num desastre ambiental até então sem precedentes na região. Com isso, faltava apenas um intermediário entre a bauxita e o alumínio — uma refinaria de alumina — para completar a cadeia de produção. No início da década de 1990, portanto, a Vale do Rio Doce começou a construir a refinaria Alunorte. Assim como na mina do Trombetas, vinte anos antes, a construção foi interrompida por falta de dinheiro. Quando a Alunorte começou a ser construída, os geólogos encontraram mais bauxita em Paragominas, 250 quilômetros ao sul de Barcarena, e de repente a quantidade de matéria-prima disponível duplicou. A refinaria de alumina tornou-se ainda mais importante e facilitou a obtenção do restante do financiamento.

A Alunorte foi finalmente inaugurada em 1995 pelo então presidente Fernando Henrique Cardoso. Cinco mil pessoas estavam reunidas na festa de inauguração. O presidente não havia sequer subido a bordo do helicóptero que o levaria de volta a Belém quando o mestre de cerimônias revelou a principal atração do evento: "Quem vai ganhar a TV em cores?", perguntou ele em alto e bom som à multidão. Vinte bicicletas, duas TVs e um show com o artista local Marco Monteiro eram a razão principal para a multidão estar ali.[80]

Em 1997, a Vale do Rio Doce foi privatizada, assim como as norueguesas Televerket/Telenor (telecomunicações) e Statoil/Equinor (petróleo). No ano seguinte, a empresa, que passou a se chamar apenas Vale, convidou as dez maiores empresas de alumínio do mundo para o que Martinsen chama de "um concurso de beleza", isto é, o direito de adquirir uma participação de 25% da Alunorte. A Norsk Hydro foi uma das convidadas, muito provavelmente por causa da relação com a Amazônia e a mina do Trombetas.

— E, para a surpresa de todos os dez, inclusive a nossa, vencemos! — conta entusiasmado o veterano da Hydro.

Foi uma grande vitória para uma empresa que queria expandir sua presença no Brasil. Segundo Martinsen, o motivo da vitória foi a disposição que a Hydro demonstrou em ouvir as necessidades brasileiras, segundo lhe confidenciou um diretor da Vale. "Nossa vitória sem dúvida custou a demissão de muitos diretores em outras empresas", acrescenta ele.

Como parte do acordo com a Vale, a Hydro negociou uma participação de 50% na primeira expansão da refinaria. Quando a expansão foi concluída, no início da década de 2000, a Hydro possuía 34% da Alunorte e já estava começando a pensar em outras aquisições para ter acesso a recursos, e em estratégias de longo prazo: "Todas as empresas internacionais vislumbraram a mesma coisa", conta Martinsen. "Cedo ou tarde a Vale desmembraria o setor de alumínio inteiro. Era importante estarmos no páreo."

O início da década de 2000 foi um período de fragmentação de vários conglomerados industriais. A própria Hydro é um bom exemplo disso. Sob a gestão do novo CEO, Eivind Reiten, que assumiu em 2001, a Hydro tornou-se uma empresa exclusivamente aluminífera. A divisão de fertilizantes foi vendida e passou a se chamar Yara. A divisão de petróleo e gás fundiu-se com a Statoil, e automaticamente a nova StatoilHydro adquiriu áreas de produção e outras em prospecção no campo de Peregrino, na costa fluminense. Mais tarde, a Hydro se desfez da divisão alimentícia, vendendo a operação de criação de salmões em cativeiro e as duas fábricas de chocolates e confeitos, e em seguida as indústrias farmacêuticas de insumos químicos. Ficou apenas com a produção de alumínio — e um cofre muito bem abastecido.

Era o dinheiro que precisava para seus grandiosos planos no Brasil. A empresa repetidamente aventou a possibilidade de novas aquisições nas tratativas com a Vale, de início sem muito êxito. Várias outras empresas cortejavam a divisão de alumínio da gigante brasileira, entre elas a Alcan, antiga aliada canadense da Hydro. Após dez anos de sondagens e negociações chegou-se finalmente a um acordo, e a Hydro impôs uma nova derrota às suas arquirrivais. Em maio de 2010, a maior aquisição individual de uma empresa norueguesa foi divulgada ao público. A Hydro adquiriu as participações da Vale na nova mina de bauxita de Paragominas, na refinaria de alumina na Alunorte, na fundição Albras e em vários projetos de expansão, por um valor de 15 bilhões de reais. A Vale manteve sua participação na mina do Trombetas, mas ali a Hydro assumiu os direitos de 40% da produção de bauxita que, até então, pertenciam à Vale. A aquisição foi formalmente concluída em 2011, depois que o Conselho Administrativo de Defesa Econômica brasileiro avalizou o acordo.

"Norsk Hydro faz a maior aquisição norueguesa de todos os tempos", noticiou a rede *TV2* quando o acordo foi anunciado.[81] "Norsk Hydro sobe para a primeira divisão da indústria de alumínio", escreveu o *Aftenposten*.[82]

Na apresentação da aquisição pela Hydro, a principal mensagem foi esta: "A transação transforma a Hydro num sistema totalmente integrado e de abrangência mundial na indústria aluminífera, bem como assegura o acesso à importante matéria-prima bauxita pelos próximos cem anos".[83] O acesso de longo prazo aos insumos básicos e o controle da cadeia de valor inteira, da mina ao produto acabado, eram as chaves do sucesso. Era a mesma lógica usada no projeto Trombetas na década de 1970, mas desta vez havia algo novo no comunicado da empresa, a preocupação com o meio ambiente e a responsabilidade social: "A Vale é reconhecida pelo seu forte compromisso social e responsabilidade ambiental e corporativa. A Hydro levará adiante as ambições da Vale nestes importantes setores", afirmou o CEO Svein Richard Brandtzæg.

Que a Vale seja "reconhecida" por estes compromissos é uma mentira pura e simples. Ao contrário, a

Vale é percebida no Brasil como um trator que atropela tudo que encontra pela frente, sem levar em conta o meio ambiente ou a sociedade. Trata-se de uma empresa tão contenciosa que deu origem até a um movimento denominado Articulação Internacional dos Atingidos pela Vale. A empresa bem que procurou dourar a pílula destinando mais dinheiro para projetos locais, mas isso não alterou significativamente seu status de vilã ambiental. A Hydro, que opera no Brasil desde a década de 1970, deveria saber muito bem o que estava comprando. Ao mesmo tempo, a empresa norueguesa sabia também que não era mais possível ignorar as questões ambientais e sociais, razão pela qual incluiu algumas linhas sobre o assunto no anúncio oficial ao mercado.

Ao contrário da Hydro, várias organizações ambientais se manifestaram de forma muito crítica em relação aos negócios da Vale. Em 2012, a Vale recebeu do Greenpeace o *Public Eye Award* pelo seu histórico descompromisso social e ambiental. O Greenpeace enfatizou que a história de mais de 60 anos da Vale é marcada por "reiteradas violações de direitos, condições de trabalho desumanas e exploração predatória de recursos naturais".[84]

No mesmo ano seria realizada no Rio de Janeiro a cúpula das Nações Unidas sobre meio ambiente e desenvolvimento, Rio+20, duas décadas depois da publicação do relatório de Gro Harlem Brundtland sobre desenvolvimento sustentável *Nosso Futuro Comum*. Uma sessão paralela sobre o setor de mineração reuniu trabalhadores, sindicatos e representantes de comunidades de todo o mundo. A conclusão foi que estas empresas foram as que causaram mais danos ao meio ambiente e à sociedade nos anos recentes, e também as que mais investiram em publicidade e na chamada "filantropia estratégica". "No Brasil, por exemplo, a Vale, além de projetos sociais, investiu maciçamente em publicidade impressa e eletrônica, e usou artistas conhecidos para tentar fortalecer seus laços com o País", diz o texto.[85] Para a Hydro, que havia acabado de adquirir a divisão de alumínio da Vale, a frase foi uma espécie de profecia.

"Gigante na floresta tropical brasileira", foi a manchete do *Aftenposten* quando o jornal noticiou a aquisição. A problemática da floresta tropical não era sequer mencionada na reportagem. Oito anos depois, em meados de 2018, voltaria a assombrar a Hydro, assim como a herança do "forte compromisso social e responsabilidade ambiental" da Vale. O estrago do escândalo da Alunorte foi tão grande que teve repercussões graves no governo norueguês, cujo ministro da Indústria foi convocado para dar explicações no Parlamento.

Nas últimas décadas, a Noruega fez muito em prol das pessoas e do meio ambiente na Amazônia. Ajudamos a fortalecer organizações dos povos indígenas, organizações e órgãos públicos ambientais. Trabalhamos para aprimorar a legislação ambiental e pela defesa dos direitos humanos. Recursos noruegueses resultaram na elaboração de registros imobiliários na Amazônia, no monitoramento do desmatamento e nas ações de combate às ilegalidades pelo Ibama. Além disso, contribuímos para construir alternativas sustentáveis à indústria madeireira, mineradora e outras atividades ambientalmente degradantes. No total, quase 9 bilhões de coroas foram investidos na proteção da floresta amazônica ao longo da década de 2000.

O grande paradoxo é que, neste mesmo tempo, a Noruega S/A investiu muito mais em empresas e atividades que destroem esta mesma floresta. A história da Hydro e da Alunorte pode ser o exemplo mais visível, mas não é o único.

Resumidamente, a Noruega participa da destruição da floresta tropical de três maneiras: importando soja para a agricultura e para alimentar salmões em cativeiro, participando de operações de empresas norueguesas e por meio do investimento direto do *Oljefondet*. Tudo somado, é um volume de dinheiro cinco a dez vezes maior ao que destinamos para proteger a floresta amazônica. Os próximos capítulos tratarão exatamente disso: o lado obscuro da relação norueguesa com a floresta.

Cem milhões de salmões noruegueses vêm do Brasil

Rita Karlsen é a mandachuva de Husøy, uma ilhota ao largo da ilha de Senja, no norte da Noruega. Husøy não tem mais de 900 metros de comprimento e talvez 200 metros de extensão no trecho mais largo. O clima ali é tão inclemente que as casas mais antigas foram assentadas em plena rocha para resistir às tempestades de inverno. Vista das montanhas de Senja, a ilha de Husøy parece um destino turístico pitoresco com o enorme oceano se descortinando além da boca do fiorde. Hoje, o extremo sul da ilha está tomado por uma aglomeração de casinhas, não muitas, sessenta, talvez setenta ao todo. Mesmo assim, a ilha conta com jardim de infância, escola, uma filial de uma grande rede de supermercados e um café.

No passado, a pesca de inverno era o sustentáculo da economia local. Todo o bacalhau a caminho da desova nas Lofoten passa obrigatoriamente pela costa de Senja. A pesca era sempre abundante. Hoje a maioria das cotas de pesca já foi comprada e a frota pesqueira quase não existe. Felizmente para os ilhéus, a criação de salmão em cativeiro e o processamento do peixe ocuparam o lugar da pesca de inverno. Em Husøy estão os escritórios, o abatedouro e a nova central de processamento do complexo de piscicultura Brødrene Karlsen AS, do qual Rita é diretora-administrativa. Todos os dias, três contêineres com o peixe processado partem do cais de Husøy rumo ao sul. O salmão congelado vai para Oslo e de lá segue em navios para abastecer os mercados europeus. O peixe salgado vai para Portugal, Canadá e Brasil. As partes nobres do salmão têm nos EUA o mercado mais importante, enquanto subprodutos como cabeças, espinha e aparas vão para a Ásia e a Europa Oriental. As vendas nunca foram tão boas.

Rita Karlsen emprega 88 adultos de uma aldeia com 292 habitantes. A empresa dela também administra o supermercado. Por causa da fábrica, a pequena ilha passou a ter uma ligação viária com o continente. Não é exagero dizer que sem Rita, a Brødrene Karlsen e os salmões de cativeiro, Husøy estaria deserta.

Desde o início, na década de 1970, quando se usavam boias de plástico velhas e redes de pesca reaproveitadas, a indústria de salmão de cativeiro se tornou uma das maiores e mais rentáveis da Noruega. Os números do cultivo bateram um novo recorde no ano de 2018, quando as exportações chegaram a 68 bilhões de coroas. "Para o setor, é um recorde triplo: de valor, de preço e de volume", declarou um entusiasmado Paul Aandahl, do Conselho Norueguês de Frutos do Mar, ao site *E24*, quando os números foram conhecidos.[86] Os lucros da indústria de piscicultura foram estratosféricos nos últimos anos. Dezenas de proprietários de criatórios de salmão tornaram-se bilionários. No topo está John Fredriksen e sua Mowi (antiga Marine Harvest). Morando hoje em Chipre e com vários outros interesses comerciais, Fredriksen é um caso à parte. Tem uma fortuna estimada em mais de 113 bilhões de coroas, segundo o semanário *Kapital*.[87] Contudo, os piscicultores que residem na Noruega, um dos países com o maior custo de vida do mundo, estão passando aperto. Os dois seguintes na lista são os fundadores da Salmar, Gustav Witzøe, com uma fortuna de 29 bilhões de coroas, e Inge Harald Berg, com 9,5 bilhões. O filho de Witzøe foi apontado pela norte-americana Forbes como a pessoa mais rica do mundo com menos de 30 anos.[88]

Mesmo sendo tão lucrativa, a piscicultura é, surpreendentemente, um setor de baixa ocupação de mão de obra. Segundo a Central Estatística da Noruega, são menos de 8 mil empregados no país, incluindo as vagas de meio período.[89] O impacto local, entretanto, é grande. Em muitos fiordes que abrigavam antigas vilas de pescadores, como em Husøy, a piscicultura e as fábricas de processamento tornaram-se o pilar econômico do qual depende inteiramente a economia local.

A Noruega é hoje o maior produtor mundial de salmão. Mais de 400 milhões de salmões nadam em gaiolas ao longo da costa acidentada do país.[90] Para efeito de comparação, a população inteira de salmão selvagem mal chega a 500 mil exemplares.[91] Mas o que comem 400 milhões de salmões? E de onde vem esta comida? A resposta à primeira pergunta, no jargão da indústria, são *pellets*, ou bolinhas marrom-acinzentadas de alto teor energético. A ração assegura que um pequeno alevino de pouco mais de 100 gramas se torne rapidamente um salmão adulto, pronto para o abate, pesando entre 4 e 5 quilos. Em um ano e meio o peixe está pronto para ser abatido. O salmão de cativeiro cresce duas vezes mais rápido que seus parentes selvagens.

A resposta da segunda pergunta é um pouco mais complexa. A ração dos salmões consiste principalmente de quatro ingredientes: óleo de peixe (11%), farinha de peixe (17%), óleo vegetal (19%) e a chamada "proteína e carboidrato vegetal" (50%).[92] Este último ingrediente explica a revolução na criação de salmão na última década. Se antes a proteína vital para alimentar os salmões vinha da pesca industrial e de sobras do beneficiamento, isto é, do mar, hoje é um produto agrícola originário das incomensuráveis lavouras de soja no Brasil. Fatores importantes na equação que tornam a piscicultura a indústria mais lucrativa da Noruega são, portanto, o desmatamento ilegal, os pesticidas tóxicos e os violentos conflitos agrários no interior do Brasil.

Um dos mais belos parques nacionais do Brasil é a Chapada dos Veadeiros. O parque localiza-se nas montanhas a norte de Brasília e abriga boa parte do rico e insubstituível Cerrado. Este grande bioma, exclusivo do Brasil, é conhecido por concentrar o maior nível de biodiversidade de todas as savanas do mundo. Cinco por cento de todas espécies animais e vegetais do mundo estão aqui. Muitas delas são endêmicas, isto é, não existem em nenhum outro lugar do planeta.

Antes, havia minas de ouro nas montanhas da Chapada dos Veadeiros. Hoje, as cidadezinhas da região vivem em função do turismo que atrai os visitantes ao parque nacional. Hotéis, restaurantes e lojas de arte esperam a visita dos turistas mais endinheirados, enquanto campings, barracas de comida e quiosques se contentam com o outro extremo da escala. Como muitos acreditam que existe ali um polo energético peculiar, é possível encontrar vários centros de misticismo e terapias alternativas — desde os mais conhecidos, como ioga, acupuntura e pilates, até denominações mais exóticas como drenagem linfática, *healing* e sauna sagrada. Mas a atração principal são mesmo as cachoeiras. Percorrendo uma rede de trilhas é possível cruzar as matas e chegar a algumas das mais belas cachoeiras do mundo, de águas frias e cristalinas que brotam de nascentes nas montanhas.

Todos os principais rios brasileiros além da Amazônia têm sua origem no Cerrado, entre eles o São Francisco, o mais importante da região Nordeste, e o Paraná, que é represado e dá origem à segunda maior hidrelétrica do mundo, Itaipu, e às espetaculares quedas d'água de Foz do Iguaçu, na fronteira entre Brasil, Paraguai e Argentina. Além disso há também o rio Paraguai, que se une ao Paraná, atravessa a Argentina e se encontra com o Atlântico em Buenos Aires. O Cerrado é fundamental não apenas para irrigar a agricultura sul-americana, mas também para fornecer energia a várias metrópoles do continente.

Quando morei em Brasília como estudante de intercâmbio, em 1990, a Chapada dos Veadeiros era o destino dos sonhos das escapadas de fim de semana com os amigos. A viagem de três ou quatro horas desde a capital era um atrativo à parte. Na década de 1990, a floresta começava assim que terminava a cidade. A mata seca e fechada, com seus galhos retorcidos, tão característica daquela porção do Cerrado, cercava ambos os lados da rodovia.

Hoje é diferente. O percurso não é mais tão belo. Onde antes era floresta hoje há lavouras de soja por onde a vista alcança. A viagem de Brasília à Chapada dos Veadeiros mostra como a revolução agrícola ocorre paralelamente à tragédia que dizimou o Cerrado nas últimas décadas.

A Empresa Brasileira de Pesquisa Agropecuária (Embrapa) tornou-se um centro mundial de referência em função das pesquisas que desenvolveu sobre o cultivo da soja no Cerrado. A soja é cultivada há milhares de anos em regiões temperadas da Ásia. A semeadura e a colheita ocorrem uma vez por ano. Inicialmente, não poderia nem ser cultivada no Centro-Oeste do Brasil, tanto em função das altas temperaturas como pela quantidade de chuvas na região. A façanha da Embrapa foi pesquisar variedades de soja que, com a mistura certa de solo, fertilizantes e pesticidas, resultam em colheitas extremamente rentáveis. No Cerrado, os agricultores já podem colher soja duas ou três vezes por ano, um volume que levou o Brasil ao topo da lista dos maiores exportadores mundiais do grão. A maior parte da soja vai para a Europa e para a China.

Esta é também uma história do sucesso dos produtores brasileiros de soja, e contribui muito para as receitas de exportação do País. Ao mesmo tempo, a produção de soja é uma tragédia tanto para os seres humanos quanto para a natureza. Os pequenos agricultores que viviam nestas áreas, fornecendo produtos alimentícios aos mercados locais, foram expulsos, muitas vezes sob ameaças e violência. As matas, como as que ladeavam a rodovia entre Brasília e a Chapada dos Veadeiros, já não existem. Primeiro as árvores são derrubadas por tratores e escavadeiras, e depois queimadas. As queimadas no Cerrado e na Amazônia são tão extensas que podem ser vistas em imagens de satélite da América do Sul. Quantidades colossais de CO_2 são despejadas na atmosfera, o que por si já seria o bastante para inserir o Brasil entre os quatro principais países emissores de GEE do início da década de 2000. O clima na área também se tornou mais seco em decorrência do desmatamento. Uma floresta devolve muita umidade à atmosfera; uma lavoura de soja, por mais extensa que seja, não chega a uma fração disso.

Os próprios agricultores de soja sabem disso muito bem. Ao longo do rio Xingu, a noroeste de Brasília, fica a terra indígena de mesmo nome. Em imagens de satélite, o território sobressai como uma ilha verde num mar de desmatamento. As florestas ao redor se foram, queimadas para abrir espaço para o gado e a soja. Para os produtores de soja, as florestas remanescentes dentro do território indígena ainda são imensamente importantes. O vento no Xingu sopra principalmente do leste para o oeste. Por isso as massas de ar a oeste da reserva indígena, que arejam as matas ao longo do rio, são muito mais úmidas que a leste, onde predominam as áreas desmatadas. Os produtores de soja no oeste fazem três colheitas por ano. Os do leste, apenas duas.

Já sobrevoei a região em aviões de pequeno porte e a vista do alto é de cortar o coração. Um enorme tapete sem vida, em tons de bege e marrom. Lavouras de soja enfileiradas lado a lado, estendendo-se até o horizonte, interrompidas apenas por estradas de cascalho esburacadas e alguma mata remanescente. O que mais doeu em mim foi saber que tudo isso era originalmente coberto pelo Cerrado, ao sul, e pela exuberante floresta tropical, ao norte. O nome dos estados onde esta área se localiza é uma homenagem a elas: Mato Grosso. Agora a maior parte desta densa floresta se foi e deu lugar a pastagens e à indústria de soja em expansão. É dessa região que vem a ração que alimenta os salmões e abastece a agricultura norueguesa.

"A ração dos salmões contém cerca de 25% de proteína de soja", lê-se no site da indústria de piscicultura, laksefakta.no.[93] Um quarto da ração, portanto, consiste de soja brasileira. No fim das contas, implica dizer que, dos 400 milhões de salmões dos cativeiros noruegueses, 100 milhões são, na prática, brasileiros.

Para os produtores noruegueses de salmão, a soja foi nada menos que um milagre. Finalmente uma fonte de proteína não punha em risco os cardumes de peixes selvagens ameaçados pela sobrepesca — com a vantagem de ser bem mais barata. A consequência foi uma explosão nas importações de soja pra fabricar ração. Em 2005, ela era zero. Dez anos depois, passou a ser de 677 mil toneladas de grãos de soja, a maior parte provenientes do Brasil.[94]

É uma quantidade difícil de aquilatar. São mais de 19 mil caminhões carregados transitando pelas estradas esburacadas do interior do Brasil. Convertida em terras agricultáveis, esta quantia atinge dimensões astronômicas. São 225 mil hectares de terra, o que corresponde a um quarto de todas as áreas de cultivo da Noruega. Os números são ainda mais vertiginosos se tomarmos a área média das propriedades de agricultura familiar pelo interior do Brasil: é uma área suficiente para assentar 11 mil famílias. O Brasil, sobretudo o Brasil profundo, padece com a pobreza e com grandes contingentes de pessoas sem terra contrastando com enormes latifúndios. Na ponta do lápis, 8 mil pessoas trabalham na indústria de salmão norueguesa, uma atividade que transformou em bilionários dezenas de proprietários destas empresas. Eles usufruem de uma área suficiente para a subsistência de 11 mil famílias brasileiras.

Não são apenas os salmões da Noruega que se alimentam de soja brasileira. Praticamente todas as vacas, galinhas, porcos, cabras e ovelhas — praticamente qualquer animal criado em confinamento à base de ração. A grande maioria desta soja provém de áreas desmatadas em Mato Grosso e é importada pelas indústrias Denofa. Todo mês, um enorme cargueiro proveniente da Amazônia cruza o Atlântico e atraca no porto da cidade velha de Fredrikstad abarrotado de grãos de soja. Na fábrica, os grãos são transformados em farinha que entra na composição do reforço alimentar para o gado de corte e leiteiro. No total, a Denofa importa 400 mil toneladas de soja a cada ano — 300 mil toneladas do Brasil.[95]

Há tempos a Denofa é motivo de preocupação do movimento ambientalista devido a estas importações. Em 2005, o líder indígena Ianukulá Kaiabi, do Parque Indígena do Xingu, visitou Fredrikstad ao lado de Márcio Santilli, do ISA, o mesmo que participou da cúpula do clima em Nova Délhi três anos antes e plantou as sementes do debate internacional sobre as REDD. As perguntas que Ianukulá Kaiabi e Márcio Santilli trouxeram em 2005 eram as mesmas com que os produtores de salmão são confrontados hoje: é possível garantir que a soja importada pela Denofa não contribua para o desmatamento ilegal?

A visita à Fredrikstad foi organizada pela Rainforest Foundation Norway, onde eu trabalhava na época. Uma das nossas demandas era ter acesso à lista de produtores de quem a Denofa adquiria a soja. O requerimento foi formulado com base na Lei de Informações Ambientais da Noruega, que franqueia ao público informações relevantes sobre qualquer produto à venda no mercado. Mesmo de posse da informação, a Denofa se recusou a fornecê-la, alegando, tanto hoje como no passado, que tem um controle total sobre toda a soja que importa, desde a origem. Em 2005, a informação não foi tornada pública "por razões de mercado", uma alegação que a empresa mantém até hoje, e cuja pertinência me foge à compreensão.

A Denofa pertence a um dos maiores produtores de soja do Brasil, o conglomerado Amaggi, de propriedade do ex-ministro da Agricultura Blairo Maggi. Toda a soja importada do Brasil para a Noruega é oriunda das fazendas e armazéns da Amaggi, ou seja, estamos falando de uma cadeia interna que começa nos campos de Mato Grosso e vai até os moinhos, em Fredrikstad. A menos que os produtores da Amaggi não sejam confiáveis, não deveria haver "razões de mercado" que impedissem a Denofa de revelar sua relação de fornecedores. Na minha opinião, tudo que a empresa não quer agora é atrair olhares mais críticos. Se divulgasse sua lista de produtores, jornalistas e organizações ambientais poderiam investigar, com independência e isenção, se a empresa de fato não importa soja de áreas onde houve desmatamento ilegal. O silêncio de mais de 15 anos da Denofa dá margem a todo tipo de especulações: será que a empresa suspeita — ou tem certeza — de que guarda esqueletos no armário? A melhor maneira de evitar tais especulações é a transparência, algo que deveria ser, antes de tudo, de interesse da própria Denofa. A recomendação que faço à Denofa é simples: divulgue os nomes dos produtores brasileiros dos quais a empresa importa soja.

Ao todo, a Noruega importa cerca de um milhão de toneladas de grãos de soja a cada ano, contribuindo para o desmatamento no Brasil indiretamente — e, com grande probabilidade, também diretamente. Tanto a Denofa quanto a indústria da piscicultura estão cientes do problema. O site laksefakta.no expõe a questão assim: "Nos últimos anos, áreas de floresta tropical, de cobertura vegetal natural e do Cerrado foram convertidas em plantações de soja. O crescimento da produção de soja, portanto, tem um impacto negativo no ecossistema, nas pessoas que habitam estas áreas e nas emissões de gases de efeito estufa".[96] Durante a sucessão de queimadas em larga escala na Amazônia, em meados de 2019, a gigante da piscicultura norueguesa Mowi acenou com uma possível redução da importação de soja do Brasil.[97] Até maio de 2020, quando este livro foi traduzido para o português, a Mowi ainda não tinha cumprido a ameaça, e é altamente improvável que um dia a cumpra. Fato é que a Mowi e as demais fazendas de criação de salmão da Noruega são extremamente dependentes da soja brasileira.

A resposta que o setor deu até aqui foi a certificação. "A sustentabilidade de toda a soja que é importada para servir de ração aos peixes é certificada por empresas internacionais de normas e padrões", informa o laksefakta.no. A Denofa também argumenta que toda a soja é certificada.

Soja certificada é, naturalmente, melhor que soja não-certificada. Mas será que basta? Infelizmente, a realidade está longe de ser simples quando se trata de questões assim. É obviamente um alívio para uma empresa ou um consumidor saber que a soja que está adquirindo provém de uma fazenda que adota certas condutas e precauções, mas a certificação não é, em si, uma solução para os problemas da Amazônia. Mesmo após 15 ou 20 anos de certificação de produtos agrícolas brasileiros, a soja continua a ser fonte de desmatamento ilegal. Lavouras continuam a poluir solos e rios, e pequenos agricultores ainda são expulsos de suas terras. Além disso, uma porcentagem muito pequena da soja brasileira é certificada. Quanto ao grosso da produção, ninguém sabe quais padrões ambientais são obedecidos — nem tampouco se os direitos humanos foram respeitados. Na prática, a certificação tornou-se um esquema ao qual a indústria recorre para fazer com que a soja que produz pareça mais ecológica e sustentável do que de fato é. Um típico exemplo de *greenwashing*.

Que a Noruega importe soja certificada do Brasil é, obviamente, preferível às importações de soja sem certificação. Mas será que isso contribui para menos desmatamento, menos poluição e menos desrespeito aos direitos humanos? A resposta, infelizmente, não é o sonoro *sim* que gostaríamos de ouvir. A demanda está em ascensão devido ao incremento das importações norueguesas. A indústria da soja, portanto, continua em expansão em detrimento de florestas naturais e pequenos agricultores locais, tanto no Cerrado como na Amazônia, em larga medida para atender à demanda norueguesa. Hoje, criadores de salmão e líderes políticos trabalham com a meta de quintuplicar os números da aquicultura norueguesa até 2050.[98] Sendo assim, nossa importação de soja aumentará proporcionalmente, assim como o dano que infligiremos ao meio ambiente e aos direitos humanos no Brasil.

Também vale a pena lançar um olhar crítico sobre como o atual processo de certificação funciona na prática. A grande maioria da soja que chega à Noruega é certificada com um selo no qual se lê *ProTerra*. Além dele, uma parte também é certificada por uma organização chamada *Round Table of Responsible Soy* [Associação Internacional de Soja Responsável], conhecida pela sigla em inglês RTRS. Ambos os processos apresentam problemas. A ProTerra tem bons critérios, porém rotinas de controle ruins. A RTRS adota boas rotinas de controle, mas critérios ruins.

A ProTerra é sobretudo um processo de certificação de matérias-primas isentas de organismos geneticamente modificados (OGM). De acordo com a lei norueguesa, toda a soja importada pela Noruega deve, obrigatoriamente, ser livre de OGM. A ProTerra também tem critérios de sustentabilidade. Entre outros requisitos, a soja não pode vir de áreas de "florestas naturais" ou de "alto valor de conservação" que tenham sido desmatadas desde 2004. Parece promissor, mas significa que o desmatamento anterior a 2004 é aceito sem problemas.

O maior problema com os critérios, no entanto, diz respeito aos pesticidas e agrotóxicos utilizados. A ProTerra aceita uma série de substâncias proibidas na Comunidade Europeia e nos EUA. A Organização Mundial da Saúde considera o emprego de tais substâncias "extremamente arriscado", "muito arriscado" ou "moderadamente arriscado".[100]

Para destacar a gravidade disso, é preciso mencionar que o País é o maior consumidor mundial de agrotóxicos. O Brasil usa mais venenos que a Índia, EUA, Rússia e China, países com áreas agricultáveis significativamente maiores.[101] De todos os agrotóxicos consumidos no Brasil, estima-se que entre 35%[102] e 50%[103] são empregados nas plantações de soja. São más notícias para todas as outras variedades vegetais, e uma catástrofe em especial para os insetos. Além disso, os pesticidas poluem os cursos de água e são prejudiciais à saúde das pessoas que moram próximas das plantações.

A ProTerra não possui um órgão de controle independente. Em outras palavras, é o mesmo sistema que emite certificados e verifica em seguida se os controles e critérios foram seguidos, um caso clássico de conflito de interesses, inaceitável para uma certificadora que pretende assegurar a preservação ambiental e a sustentabilidade social. Através da ProTerra também não é possível obter informações sobre quais fazendas são certificadas. Desta forma, fica muito difícil para observadores independentes — jornalistas investigativos, órgãos governamentais ou organizações ambientais, por exemplo — aferirem se os critérios são realmente obedecidos. Há poucas violações documentadas pelos critérios da ProTerra, em parte porque o esquema é tão fechado que é quase impossível para quem está de fora descobrir se alguém está violando as regras. Enquanto permanecer assim, todo o processo de certificação é inócuo.

A segunda certificadora a que os importadores noruegueses de soja recorrem é de longe a que tem uma maior abrangência internacional, como o próprio nome diz. A Associação Internacional de Soja Responsável foi criada em 2006 por grandes produtores de soja, como a brasileira Amaggi, grandes fabricantes de alimentos, como a Unilever, grandes varejistas internacionais, como a COOP, e grandes organizações ambientais, como a WWF. Hoje, a RTRS tem mais de 200 membros no mundo inteiro. Na Noruega, participam dela a Denofa e a Mills.

Enquanto a ProTerra não permite que a soja seja cultivada em áreas depreciadas após 2004, a RTRS elevou este limite até 2009. A transparência, entretanto, é melhor. Nas páginas da RTRS na internet é possível baixar os relatórios de avaliação de cada fazenda. Neles, os critérios são conferidos ponto a ponto. O relatório mais interessante data de 2017 e diz respeito a 35 fazendas da Amaggi em Mato Grosso.[104]

Já no primeiro item, que trata do respeito às leis e regulamentos vigentes, surgem preocupações. Uma das cinco fazendas visitadas violou as regras nos seguintes pontos: "falta de treinamento para uso de pesticidas; falta de registro de horário de trabalho aos domingos e feriados; jornadas de mais de seis dias consecutivos; falta de local adequado para lavar equipamentos de proteção contaminados; uso de pesticidas a menos de 30 metros das residências". Mais adiante, um trecho aborda a biodiversidade e o desmatamento para concluir que, entre 2008 e 2017, mais de dez por cento da vegetação original foi preservada em todas as propriedades verificadas. Parece muito bom à primeira vista, mas espere um pouco. A legislação ambiental brasileira estabelece que todas as fazendas desta região devem conservar pelo menos cinquenta por cento da mata nativa. Nesta perspectiva, dez por cento não é um índice exatamente positivo.

Não vamos aprofundar este assunto. Talvez até haja alguma razão pela qual os dez por cento da vegetação nativa sejam um número satisfatório. O relatório, entretanto, mostra claramente que o conglomerado

Amaggi, fundado por um dos homens mais ricos do Brasil e proprietário da Denofa, tem muita dificuldade para atender aos critérios de certificação da RTRS — uma fundação que a própria empresa ajudou a fundar. Isso, por sua vez, joga luz sobre uma questão fundamental: uma certificadora pode ter algum valor, mas é preciso examinar os produtores certificados nos mínimos detalhes. Infelizmente, a soja que chega hoje à Noruega não nos dá esta oportunidade.

A pergunta então é: o que o pobre do importador de soja deve fazer? Os importadores não são muitos. No setor agrícola, só há um, a Denofa, que nos últimos anos esteve na vanguarda de várias iniciativas comerciais positivas contra o desmatamento ilegal. Na indústria do salmão, existem essencialmente cinco produtores: Skretting, Ewos, BioMar, Mowi e Polarfeed. Até agora, nenhum deles demonstrou muito interesse em descobrir o que está acontecendo nas regiões de onde importam soja. Mesmo assim, e apesar dos problemas mencionados, eles se deram por satisfeitos com os critérios de respeito ao meio ambiente e observância de questões sociais adotados nas certificações.

Os importadores de soja devem, é claro, continuar exigindo o cumprimento dos padrões de certificação. Ao mesmo tempo, devem garantir que as certificadoras melhorem seu trabalho. Em primeiro lugar, é necessário poder verificar cada uma das fazendas produtoras. Os importadores noruegueses também devem divulgar os nomes de todos os produtores e revendedores no Brasil.

Além disso, devem dar um passo adiante. Os importadores devem exigir que os fornecedores brasileiros certifiquem toda a soja, não apenas os lotes exportados para a piscicultura e agricultura norueguesas. A exigência pode parecer irracional ou irrealista, e do ponto de vista puramente jurídico não é obrigatória. Contudo, é indesculpável, a meu ver, fechar os olhos diante de um problema do qual a Noruega é parte integrante, ainda que suas repercussões mais dramáticas aconteçam do outro lado do Atlântico.

Em outros setores, gradualmente fomos nos acostumando a pensar que a responsabilidade ética de uma empresa se estende além dos produtos que comercializa. Ninguém mais quer comprar roupas de um lojista que recorre, por exemplo, ao trabalho infantil, mesmo que as crianças trabalhem numa outra fábrica que pertença ao mesmo lojista. Do mesmo modo, os produtores noruegueses de ração não deveriam importar soja de um fornecedor que ignora os direitos humanos ou as leis ambientais.

Minha conclusão é, portanto, a seguinte: todos que compram mercadorias de regiões de risco ambiental devem exigir dos seus fornecedores o compromisso com o desmatamento zero. Para a Denofa, é muito simples. Sua proprietária Amaggi está envolvida com soja não-certificada, e esta é uma questão que pode e deve ser abordada internamente na empresa. Não apenas por uma obrigação ética, mas também comercial. O vínculo da Amaggi com o desmatamento e a soja contaminada se tornou um fardo para a Denofa.

Os cinco maiores produtores da indústria do salmão compram soja dos produtores brasileiros Caramuru, Imcopa e SementesSelecta.[105] Agora, estes cinco também devem começar a cobrar dos seus parceiros no Brasil o compromisso com o desmatamento zero e com a certificação completa.

Em Husøy, Rita Karlsen me levou para conhecer um criatório de salmão orgânico. Nunca tinha ouvido falar de salmão orgânico antes, mas rapidamente aprendi que para obter este selo o salmão precisa de mais espaço no mar que o habitual. É preciso também usar menos remédios, abatê-los mais cedo e alimentá-los com ração mais sustentável. Portanto, o salmão ecológico consome muito menos soja e depende muito mais de matérias-primas marinhas que aquele de criatórios comuns. "É mais parecido ao que era no passado", segundo Rita. O passado era antes de a importação de soja brasileira explodir.

Hoje, 40% do salmão da Brødrene Karlsen são criados assim. Experimentei o salmão orgânico e é delicioso. Em Husøy, a produção começou em 2001. "Aumentamos nossa produção a cada ano, à medida que o mercado se desenvolvia", diz Rita Karlsen. "Vemos que a Noruega tem um certo interesse, mas a Suécia, Alemanha e Suíça estão muito à nossa frente neste segmento de mercado."

O salmão orgânico também tem oponentes. Os argumentos são os mesmos contra os salmões criados em cativeiro: o bem-estar e a mortandade dos animais, os piolhos-do-salmão, a quantidade de animais nos criatórios, a poluição decorrente da ração, a baixa tributação da renda dos proprietários bilionários e os salmões que escapam e afetam os peixes selvagens nos rios. Não cabe aprofundar aqui este debate. O ponto principal é que existem alternativas às importações de soja do Brasil. Há outras maneiras de obter a proteína essencial para a piscicultura. A Foods of Norway, afiliada à Universidade Norueguesa de Ciências Ambientais e Biológicas (NMBU), em Ås, está realizando uma pesquisa com fontes alternativas de proteína para uso em escala industrial.[106] Segundo a organização ambiental O Futuro em Nossas Mãos, já é possível substituir toda a soja brasileira por algas, insetos, subprodutos do abate e fermento.[107] O problema é que estas fontes de proteína são ainda muito mais caras que a soja — desde que os efeitos nocivos da soja não sejam computados. Portanto, é razoável perguntar: a indústria da piscicultura não poderia gastar um pouco mais das receitas bilionárias que teve nos últimos anos para usar uma ração mais sustentável?

A soja está em toda parte, é um ingrediente de produtos que estão à nossa volta, o dia inteiro. Um quarto do salmão que um norueguês compra no supermercado consiste de soja brasileira, provavelmente oriunda de áreas desmatadas. De cada litro de leite, de 100 a 200 mililitros têm a mesma origem. O mesmo cálculo vale para o frango, as costeletas de porco, a carne moída, os ovos, e o queijo. A maioria dos noruegueses provavelmente come ou bebe soja brasileira todos os dias.

Hoje, a aquicultura e a pecuária da Noruega são totalmente dependentes da soja do Mato Grosso, de uma indústria que se firma na queima de florestas tropicais e do Cerrado. A pesca e a agricultura são as duas atividades que sustentam a vida nas aldeias do interior e na região costeira da Noruega, mas isso ocorre à custa da erradicação dos minifúndios e da natureza no Brasil. Tudo bem que seja assim?

Não era assim antes. Foram os políticos e a indústria que criaram este sistema e, agindo assim, impuseram uma grande responsabilidade ética aos consumidores noruegueses. A meu juízo, é uma transferência de responsabilidade absurda. Esta obrigação deveria recair primeiramente sobre as empresas e os legisladores.

Não são apenas nossas importações de soja que são prejudiciais aos seres humanos e ao meio ambiente na Amazônia. Há outros negócios e investimentos noruegueses profundamente problemáticos. Pode não parecer, mas várias das maiores empresas da Noruega têm suas maiores operações externas no Brasil. No fim das contas, a pegada climática delas — ou dos noruegueses, se você preferir — é muito maior do que parece.

A atuação das empresas norueguesas na Amazônia é defensável?

Na fazenda Bate-Bate, no árido interior do Nordeste do Brasil, dezoito homens vestindo roupas esfarrapadas estão diante de um caminhão carregado de madeira. A jornada de trabalho está quase no fim e o sol já vai caindo no horizonte. De repente a polícia e os agentes do ministério do Trabalho chegam para uma fiscalização surpresa. A princípio reservados e desconfiados, os trabalhadores acabam abrindo o jogo. São apenas dezoito, mas as estimativas do número de trabalhadores em condições análogas à escravidão chegam à casa dos milhares no Brasil de hoje.[108]

Desde 1995, a fiscalização trabalhista já descobriu e libertou mais de 50 mil pessoas nestas condições. Estamos falando de salários que não são pagos, contratos inexistentes, ambiente de trabalho que apresenta risco de vida e uma nódoa que persiste desde quando o Brasil aboliu a escravatura clássica, no final do século XIX. Hoje, os trabalhadores são forçados a comprar bens e serviços do proprietário da fazenda a preços exorbitantes, contraindo uma dívida impagável, e são proibidos de deixar a propriedade até que a dívida seja quitada — a chamada "escravidão por dívida".

A mesma luta se repete no Congresso brasileiro a cada ano: o ministério do Trabalho está ou não autorizado a publicar os nomes das fazendas, empresas e proprietários que foram flagrados e multados por esta prática?

A publicação da lista é a maneira mais eficaz de evitar a escravidão, mas a poderosa bancada ruralista vem conseguindo repetidamente impedir esta divulgação. Muitos dos congressistas são, eles mesmos, proprietários de terras e grandes acionistas da indústria agropecuária. Querem proteger a si mesmos e a seus interesses — e têm o poder de fazê-lo. A bancada ruralista é o maior grupo ideológico do Congresso brasileiro. O ex-ministro da Agricultura e proprietário da Denofa Blairo Maggi foi o chefe deste grupo lobista durante um período. Várias das maiores empresas agrícolas do Brasil financiam campanhas eleitorais, naturalmente esperando receber algo em retorno.

Na fazenda Bate-Bate, a inspeção revelou que os dezoito trabalhadores não recebiam pagamento havia quatro meses. Nenhum tinha contrato, equipamento de proteção obrigatório ou acomodação adequada. Muitos dormiam no chão, ao relento, no meio da mata, e as refeições que eram obrigados a comer era de péssima qualidade. Além disso, pagavam do próprio bolso pelo transporte ao local de trabalho. O empregador também os obrigava a custear a gasolina das motosserras e as correntes que eventualmente precisassem ser substituídas.

O trabalho em si também era ilegal. O plano de manejo da propriedade era um pedaço de papel rabiscado. Faltavam o estudo preliminar e as avaliações de impacto ambiental. No entanto, a atividade foi aprovada pelo órgão ambiental estadual, um triste exemplo de corrupção e troca de favores entre a indústria madeireira e o aparato estatal no Brasil.

A madeira tinha um endereço final. Já estava comprada e seria transportada para o sul, onde abasteceria os fornos de uma mina de fosfato no interior da Bahia. A mina é administrada pela empresa brasileira Galvani. Quem é o dono da Galvani? A terceira maior empresa da Noruega, a gigante dos fertilizantes Yara.

Três das quatro maiores empresas da Noruega têm seus maiores investimentos estrangeiros no Brasil: Equinor, Yara e Norsk Hydro. Das quatro grandes, apenas a Telenor está ausente do País. Além disso, outras importantes empresas norueguesas têm uma forte presença no Brasil (aqui listadas segundo o ranking mais recente das 500 maiores elaborado pela revista *Kapital*): o banco DNB oferece serviços às empresas de petróleo, gás e marítimas; a Statkraft desenvolve projetos de energia hidrelétrica e eólica; Subsea 7, Seadrill e Aker Solutions operam nos campos petrolíferos; a DNV GL, antiga Det Norske Veritas, provê certificações de qualidade a vários setores; a Jotun fornece tintas e anti-incrustantes para as indústrias petrolífera e de transporte marítimo; a Schibsted está trabalhando numa versão brasileira do site de classificados finn.no.[109]

No total, quase 200 empresas de capital norueguês estão estabelecidas no Brasil, onde já investiram quase 200 bilhões de coroas. Isso torna o País o terceiro maior destinatário dos investimentos noruegueses, depois dos EUA e da Comunidade Europeia.[110]

Destas empresas, Hydro, Statkraft e Yara têm o maior impacto na Amazônia. A Hydro através das suas minas de bauxita, refinarias e fundições, alimentadas pela energia da hidrelétrica de Tucuruí, geradores a diesel e carvão. A estatal Statkraft, através de seus estreitos laços com a empresa Engevix, envolvida na construção da controversa hidrelétrica de Belo Monte e nos escândalos de corrupção revelados pela operação Lava Jato. Finalmente, a Yara, fornecedora de fertilizantes para uma agricultura cuja expansão depende da queima da floresta tropical.

Sempre que visito o interior brasileiro deparo com sacas brancas com um dracar viking estilizado em azul — a logomarca da Yara —, o que diz bastante sobre a capilaridade da atuação da empresa. O Brasil é o maior consumidor mundial de fertilizantes e pesticidas, e a Yara é seu maior fornecedor de fertilizantes.[111] Não é por acaso. Depois de se desmembrar da Hydro, em 2004, a Yara Brasil adotou uma estratégia agressiva de aquisição de concorrentes. Os primeiros foram Adubos Trevo e Fertibrás. A maior aquisição ocorreu em 2018, quando a Yara assumiu a divisão de fertilizantes da gigante agrícola Bunge por 2,4 bilhões de reais. Em 2014, comprou a Galvani e, em maio de 2018, mais uma grande aquisição estava para ser concluída. A Cubatão Fertilizantes, subsidiária da gigante da mineração Vale, foi parar nas mãos da Yara. O preço: 1,2 bilhão de reais. Hoje, a Yara controla cerca de 25% do mercado de fertilizantes brasileiro, mas seu apetite parece não ter fim.

"A missão da Yara é tão simples quanto ambiciosa: fornecer alimentos para a população mundial e cuidar do planeta de maneira responsável." É assim que a Yara se vê, segundo seu próprio site.[112] É uma bela missão, mas não é preciso procurar muito para esbarrar em histórias que mostram que nem sempre é fácil conciliar valores e estratégias nobres com a dura realidade no campo. Os dezoito trabalhadores da fazenda Bate-Bate estão aí para testemunhar. O mesmo vale para a floresta, a vida selvagem e o resto da natureza, tanto nesta propriedade como em inúmeras outras.

Pode ser injusto tomar os subcontratados da Galvani como um exemplo de como a Yara conduz seus negócios no Brasil. É difícil ter um controle sobre tudo. A madeira da Bate-Bate pode não representar os negócios da Yara, mas é um bom exemplo de como as coisas podem facilmente dar errado, mesmo quando se tem a melhor das visões e missões. Ao mesmo tempo, é possível perguntar: o que a Yara está fazendo para impedir que subcontratados e clientes violem leis e regulamentos ambientais? A resposta da Yara é que os agricultores aumentarão sua produtividade com seus fertilizantes, e por isso não precisarão mais desmatar tanta floresta quanto antes.

Um dos objetivos ambientais mais importantes da empresa é exatamente este: que o aumento da produção mundial de alimentos possa ocorrer "sem expansão das áreas cultivadas".[113] Aqui a Yara demonstra uma preocupação verdadeira e dá a exata medida de sua preocupação com a destruição das florestas naturais.

No entanto, rapidamente é possível apontar as contradições entre o que diz e faz a Yara no Brasil. Por exemplo, o CEO da empresa, Jørgen Ole Haslestad, declarou que estava indo na contramão dos próprios objetivos ambientais da empresa ao desembolsar mais de 1 bilhão de reais para comprar a Galvani, em 2014.

Haslestad enfatizou na época que a aquisição ajudaria a posicionar melhor a empresa nas "novas e atraentes áreas agrícolas em rápido crescimento no Brasil",[114] uma declaração que pode ter soado como música aos ouvidos dos acionistas, embora fosse um ataque frontal às metas ambientais da empresa. Haslestad se referia simplesmente ao desmatamento da Amazônia e do Cerrado brasileiros. Toda a expansão de áreas agrícolas no Brasil nas últimas décadas ocorreu devido à queima das florestas nativas nestes dois biomas. Ao investir tanto na expansão das "áreas agrícolas em rápido crescimento no Brasil", a Yara lubrifica a engrenagem que mais contribui com o desmatamento.

Não são apenas as grandes e tradicionais empresas norueguesas que operam na floresta tropical. Façamos um breve desvio de rota rumo ao Peru. Em 2008, para surpresa geral, a empresa Discover Petroleum, baseada na cidade de Tromsø, no extremo norte norueguês, ganhou a concessão do bloco 157 na Amazônia peruana, em parceria com a petrolífera local PeruPetro, num processo controverso desde o primeiro dia. Primeiro, o bloco de exploração se sobrepunha às áreas onde existem povos indígenas ainda sem contato com o mundo exterior e, portanto, deveria ser obrigatoriamente excluído da exploração de petróleo. Em segundo lugar, porque se localizava numa zona tampão ao redor do Parque Nacional Manu, um dos lugares com maior concentração de biodiversidade do mundo.

A Discover Petroleum sabia muito pouco sobre o Peru e a Amazônia, algo que deixou transparecer em matérias na imprensa.[115] No entanto, o escândalo só ganhou repercussão quando uma série de conversas telefônicas reveladoras chegou ao conhecimento dos repórteres. As gravações sugeriam que a rodada de concessões fora acertada mediante subornos e manipulação. O resultado foi uma crise que abalou o governo no Peru. O primeiro-ministro, o ministro da Energia e metade do governo renunciaram na esteira do escândalo. O chefe da agência reguladora foi demitido e o presidente da PeruPetro pediu demissão.[116] A Discover Petroleum foi acusada de corrupção e expulsa do país.[117] Mais tarde, a empresa de auditoria Ernst & Young, contratada pela própria Discover Petroleum, atestou a inocência da empresa norueguesa.[118] No ano seguinte, a acusação contra a Discover Petroleum no Peru foi arquivada. Pouco tempo depois, a empresa mudou seu nome para Front Exploration a fim de se distanciar do escândalo.[119] Em 2012, foi comprada pela dinamarquesa Dong Energy.

Este é um exemplo educativo. Independentemente do papel da Discover Petroleum e do que os proprietários noruegueses tinham conhecimento, diz muito sobre o apetite das autoridades, órgãos reguladores e indústria de petróleo pela Amazônia. Desde que o potencial seja grande o suficiente, fatores como os direitos dos povos indígenas e a preservação do meio ambiente, para não mencionar as questões éticas, deixam de ter importância. O arcabouço legal atual, seja no Peru, na Noruega ou mesmo no Brasil, também não parece ser nada além de uma mera carta de intenções. O exemplo também mostra que não podemos continuar acreditando de antemão que as empresas norueguesas são mais ecológicas, mais conscientes e mais éticas que as outras, e tampouco que se eximem de realizar negócios escusos na Amazônia. A Statkraft também percebeu isso.

A energia hidrelétrica provém de uma fonte renovável. É, portanto, ótima para o clima. Mesmo assim, não é cem por cento ecológica. Cada hidrelétrica implica necessariamente numa enorme agressão à natureza. Rios são represados, cachoeiras desaparecem, grandes reservatórios inundam áreas ribeirinhas e de florestas. Tubulações enormes interligam estações de bombeamento e usinas, e linhas de alta tensão rasgam florestas ou fiordes ao meio. Alguns dos maiores protestos políticos da história da Noruega têm a ver com as hidrelétricas de Mardøla, Alta e com a longa fileira de postes e cabos de alta tensão que corta as estepes de Hardanger.

Na Amazônia, os projetos hidrelétricos são tão controversos quanto na Noruega. Os conflitos que desencadeiam são enormes, e o ganho climático não é sempre garantido. A hidrelétrica mais controversa da história do Brasil chama-se Belo Monte, hoje a terceira maior usina do tipo no mundo, considerando sua capacidade máxima.

Localizada no rio Xingu, no coração da Amazônia brasileira, a usina trouxe grandes danos ambientais e sérias violações de direitos humanos. Outro capítulo sombrio da história de Belo Monte é a corrupção que envolveu os processos licitatórios e a divisão dos contratos entre as empreiteiras. Por meio de suas subsidiárias brasileiras, a estatal Statkraft, maior produtora de energia renovável da Europa, enfiou a mão num vespeiro — e sabia muito bem o que estava fazendo. Não foi uma experiência muito diferente da que a Yara viveu na Amazônia. Também no caso da Statkraft, as boas intenções esbarraram nas mazelas brasileiras.

No início dos anos 2000, a Statkraft e o fundo de cooperação norueguês Norfund se associaram para investir em projetos hidrelétricos de menor porte em países em desenvolvimento. Criaram então a empresa SN Power, um nome muito pouco criativo que resulta da união das iniciais das empresas mãe. Em 2012, a SN Power comprou por 2,1 bilhões de coroas 41% da brasileira Desenvix, uma empresa de energia hidráulica e eólica. Os fundadores, proprietários e executivos da Desenvix eram os brasileiros Gerson Almada, Cristiano Kok e José Antunes Sobrinho.[120] Os três controlavam e operavam a Desenvix através de uma outra empresa de nome quase idêntico, Engevix, que, por sua vez, pertencia à holding Jackson Group. Gerson, Cristiano e José eram donos de tudo, e se alternavam nos cargos de direção e gestão das três empresas.[121]

Em 2014, Cristiano Kok era o presidente da Desenvix. José Antunes Sobrinho era o principal executivo. No mesmo ano, a Operação Lava Jato começava a ganhar forma. Em 14 de novembro de 2014, Cristiano Kok e Gerson Almada foram presos, acusados de corrupção.[122] No ano seguinte, José Antunes Sobrinho também foi detido e acusado do mesmo crime.[123] Os três depois foram julgados, mas receberam penas distintas. Gerson Almada fez um acordo de delação premiada com a promotoria em troca de uma redução de pena. Em 2015, começaram a se tornar públicas as informações que ele revelou aos promotores: a Engevix tinha pago 2,2 milhões de reais de propina para receber contratos na construção de Belo Monte.[124] Pouco tempo depois, Almada foi condenado a 19 anos de prisão por corrupção e lavagem de dinheiro.[125]

A Statkraft, por seu turno, queria comprar a Desenvix desde o primeiro investimento, em 2012. Em 1º de julho de 2015, bem no meio das revelações feitas pela Lava Jato, e enquanto o ex-presidente Cristiano Kok e outros membros do conselho eram indiciados por corrupção, a empresa norueguesa desembolsou 1,2 bilhão de coroas por 41% das ações da Desenvix. O dinheiro foi para a Engevix e o Jackson Group, cujos donos, conselheiros e gerentes estavam na cadeia por corrupção.

Menos de dois anos depois, em março de 2017, a Statkraft procurou a Økokrim, a autoridade norueguesa contra crimes financeiros e ambientais: "Estamos preocupados com a possibilidade de ter ocorrido corrupção no Brasil", declarou o porta-voz da empresa ao *Dagens Næringsliv*.[126] A empresa à qual se referia era a Desenvix.

É fácil se perder nos labirintos das estruturações empresariais e fases da investigação a partir daqui. Foi a matriz Engevix quem pagou propinas pelos contratos em Belo Monte, não a subsidiária Desenvix. Mesmo assim, uma vez que a Engevix e a Desenvix eram tão intimamente ligadas, compartilhando os mesmos proprietários, diretores e gerentes, seria surpreendente se a Desenvix *não* estivesse envolvida nesse imbróglio.

A Økokrim é a ponta de lança do Estado norueguês na luta contra os crimes de colarinho branco, e se ocupa apenas dos maiores e mais intrincados casos de corrupção. É muito raro que as próprias empresas envolvidas recorram à Økokrim para pedir que sejam investigadas. A Yara fez isso em 2011, num caso que terminou com cabeças rolando, diretores condenados depois de longos julgamentos e a aplicação da maior multa corporativa da história da Noruega: 295 milhões de coroas.

A Telenor fez isso em 2016, durante o escândalo da VimpelCom, um caso que custou a essa 6 bilhões de coroas e resultou na demissão do conselho executivo e de vários diretores da Telenor. Todas os casos têm um traço em comum importante: quando uma empresa recorre à Økokrim está convencida de que algo ilegal de fato aconteceu.

A Økokrim ainda não abriu uma investigação formal para o caso da Statkraft/Desenvix no Brasil. Porém, uma vez que *foi* realmente envolvida em corrupção, a empresa norueguesa pode ser acusada de algum ilícito?

"A Statkraft deve primar pelo alto padrão ético e por uma cultura de negócios com tolerância zero diante da corrupção. Não oferecemos, damos, aceitamos, pedimos ou recebemos suborno ou outros benefícios indevidos, direta ou indiretamente [...]."[127] É assim que a própria empresa expressa suas rotinas. O que a Statkraft fez no Brasil foi comprar uma boa fatia de uma empresa a preço muito atrativo porque seus proprietários, conselheiros e gerentes estavam presos ou sob investigação por corrupção grave. A Statkraft deveria saber que a Desenvix também podia estar envolvida em atividades ilegais. Uma das primeiras ações da Statkraft após a aquisição foi iniciar uma auditoria interna na Desenvix e mudar o nome da empresa para Statkraft Energias Renováveis (Sker).

Esta aquisição representou um risco financeiro e à reputação nada desprezível. Podia dar errado de várias maneiras. A Statkraft apostou alto, provavelmente motivada pelas chances de obter um retorno proporcional. Não tenho certeza se, neste caso, a empresa conseguiu manter seu "alto padrão ético".

Desde que o caso foi parar na Økokrim, a empresa compreensivelmente se fechou em copas — e aproveitou para distorcer o caso. As primeiras informações públicas foram divulgadas no seu Relatório Anual para 2016. Num documento de 126 páginas, a Desenvix só é mencionada na nota de rodapé número 33, na página 84, numa fonte tamanho oito. Lá está, em preto e branco, à disposição de qualquer um que tenha boa resistência e visão aguçada, o seguinte texto: "O Brasil enfrentou nos últimos anos casos graves de corrupção. Considerando isso, a Statkraft, por iniciativa própria, iniciou uma auditoria interna da subsidiária adquirida em 2015. Com base nesta investigação, a Statkraft entrou em contato com as autoridades brasileiras".[128]

A Statkraft relatou a mesma história ao *Dagens Næringsliv*. O viés da reportagem acompanhou o do Relatório Anual: "Os bastidores são os casos generalizados de corrupção no Brasil nos últimos anos. A Statkraft, portanto, optou por iniciativa própria por iniciar uma auditoria interna de uma empresa que adquiriu em 2015", escreveu o jornal.[129]

Dito assim, a empresa parece uma inocente vítima de uma república bananeira na América Latina — e é justamente isso que quer fazer transparecer. O problema é que não é verdade. Quando saiu às compras, a Statkraft conhecia muito bem as águas turbulentas por onde navegava. Primeiro: desde 2012 a Statkraft, juntamente com o Norfund, era dona de 41% da Desenvix. Não é nenhuma novidade, como dão a entender o Relatório Anual e a reportagem do *Dagens Nærlingsliv*. Segundo: quando os 41% foram adquiridos, em 2015, os diretores executivos da Desenvix já estavam na cadeia por corrupção.

Em outras palavras, as investigações internas da Statkraft não decorrem dos graves casos de corrupção *generalizada* no Brasil, como a própria Statkraft e o *Dagens Nærlingsliv* escreveram, mas em razão dos escândalos de corrupção na controladora Engevix, pela qual a Statkraft acabara de pagar 1,2 bilhão de coroas — escândalos esses que implicavam justamente a cúpula da Desenvix. É inconcebível que Statkraft não estivesse ciente de tudo isso.

Temos aqui um claro paralelo com a Hydro e o vazamento em Barcarena. Quando o caso estourou, a Statkraft omitiu deliberadamente as informações de que era acionista majoritária da Desenvix desde 2012. Desta forma, queria transmitir a ideia de que não tinha como saber, nem ser responsabilizada, por eventos pretéritos. Paralelamente, no turbilhão do vazamento da Alunorte, a Hydro não informou que a empresa detinha a propriedade da refinaria de alumina desde a década de 1990. Nos dois casos, trata-se de manipulação da opinião pública. Nem a Statkraft nem a Hydro mentiram na estrita acepção do termo, mas, ao fornecer informações seletivas, ambas procuram sobressair de uma maneira que não se sustenta à luz dos fatos.

A Hydro também esteve envolvida em suspeitas de corrupção na Amazônia. Em 2018, a *NRK* revelou que a empresa celebrou contratos milionários com empresas pertencentes ao prefeito de Barcarena[viii], município onde a refinaria de Alunorte está localizada.[130] O prefeito é o mesmo que esteve à frente do plano de zoneamento do município, que permitiu à Hydro expandir seus negócios para outras áreas. Desta forma, a empresa norueguesa foi autorizada a construir o depósito de lama vermelha DRS2 numa área anteriormente estabelecida como reserva ecológica.

---

viii Antônio Carlos Vilaça, morto em setembro de 2019, aos 65 anos, vítima de um infarto. (NdoT)

— A Norsk Hydro deveria ter rescindido os contratos com as empresas quando o prefeito foi eleito em 2012, porque existem grandes conflitos de interesse aqui. Temos um prefeito com fortes interesses econômicos e pessoais na construção destes aterros — afirmou Guro Slettemark, da ONG Transparência Internacional. A Hydro rescindiu seu contrato com as empresas do prefeito apenas em 2015.

A Hydro foi responsável pela maior aquisição estrangeira da história da Noruega quando, em 2010, adquiriu por 30 bilhões de coroas a divisão de alumínio da gigante do minério Vale. Interessa aqui chamar a atenção para a quantia. Embora enorme, não faz jus ao volume das operações da petrolífera Equinor no Brasil.

Este livro trata sobretudo da Noruega na Amazônia. A Equinor opera em outras regiões, principalmente no litoral do Rio de Janeiro e São Paulo, e, portanto, não é diretamente relevante para a floresta tropical. Ainda assim, vale a pena desviar o curso para ver o que a maior empresa da Noruega anda fazendo no Brasil.

"Algumas mudanças são tão grandes que mudam tudo. Mudanças que requerem que encontremos um novo equilíbrio. Agora, quando deixamos de ser uma empresa de petróleo e gás e nos tornamos uma empresa de energia abrangente, é natural que mudemos também o nosso nome."

Foi este o texto dos incontáveis e inevitáveis anúncios que a Statoil fez publicar quando mudou seu nome para Equinor, em 2018. "Mudanças", "novo equilíbrio", "uma empresa de energia abrangente". Um belo trabalho de relações públicas e uma retórica invejável. Mas é real?

No portfólio da Equinor, a sustentabilidade representa uma parcela ínfima. Embora diga que investirá pesadamente em energia solar e eólica de agora em diante, até aqui não há sinais de que a promessa esteja sendo levada a sério. Observando-se os investimentos globais em 2017 e 2018, verifica-se que apenas quatro por cento dizem respeito a energias renováveis.[131] Noventa e seis por cento continuam vinculados ao setor fóssil. Se a Equinor quer mesmo se tornar uma "empresa de energia abrangente", a empresa tem um longo caminho a percorrer.

Se observarmos como a Equinor vem se apresentando publicamente desde a mudança de nome, "sustentabilidade" e "energia renovável" ainda são as expressões mais evidentes. O jornal *Klassekampen* fez um levantamento e descobriu que a comunicação da empresa no Twitter emprega expressões como "clima", "sustentabilidade" e "energia limpa" muito mais que "petróleo" e "gás". No site da Equinor, o resultado da busca por palavras como "verde", "clima", "sustentabilidade", "limpa" e "vento" é 50% maior que "petróleo", "gás", "plataforma", "fóssil" e "óleo".[132] É grande a distância entre o marketing da empresa e os negócios na vida real.

No Brasil, é ainda maior. A entrada da Statoil na operação brasileira da empresa norueguesa de energia solar Scatec Solar, em 2017, teve ampla repercussão na imprensa. O site *E24* informou que "a Statoil mergulha de cabeça na energia solar".[133] O investimento foi de 200 milhões de coroas, um pouco menos do que custaria a mudança de nome para Equinor no ano seguinte.[134] Até então, a Statoil tinha investido cerca de 50 bilhões de coroas no setor petrolífero do Brasil. Em outras palavras, o investimento em energia renovável no Brasil representava cerca de quatro milésimos do portfólio total da empresa no País. Não quatro por cento, mas quatro por mil: 99,6% do investimento da Statoil no Brasil continuava sendo em combustível fóssil.

Em junho de 2018, a "empresa equilibrada, de energia abrangente" investiu 17 bilhões de coroas adicionais em novas aquisições de petróleo no Brasil, garantindo uma bela fatia do campo de petróleo de Roncador, na costa do Rio de Janeiro. A fatia de energia renovável no portfólio caiu para três milésimos.

Em 25 de junho de 2018, os ministros do Meio Ambiente da Noruega e do Brasil comemoraram uma década de Fundo Amazônia. Até então a Noruega havia injetado 7,4 bilhões de coroas no fundo. Cinco dias mais tarde, o chefe da Equinor, Eldar Sætre, deu uma entrevista ao *Dagens Nærlingsliv* prometendo investir 120 bilhões de coroas no Brasil nos próximos anos.[135] Se os investimentos recentes forem um bom indicador,

119 desses 120 bilhões irão para o petróleo. A energia renovável receberá um trocadinho.

Não há melhor exemplo de como a Noruega S/A investe o grosso do dinheiro no Brasil — a menos que a Equinor decida, de verdade, se tornar uma empresa equilibrada e de energia abrangente. Neste caso, o perfil de suas atividades brasileiras terá que passar por uma revolução.

O petróleo do Mar do Norte transformou a já rica Noruega num país milionário. Em 50 anos, ganhamos muito dinheiro vendendo petróleo e gás para os outros. Ao mesmo tempo, estamos exportando também poluição e emissões de GEE decorrentes do uso destes recursos. Se a combustão de petróleo e gás noruegueses fossem contabilizadas nas contas climáticas da Noruega, nossas emissões seriam pelo menos dez vezes maiores.

Grande parte do dinheiro do Mar do Norte foi destinada ao fundo soberano da Noruega, que por sua vez investe em ações, títulos mobiliários e propriedades em todo o mundo. Infelizmente, o Oljefondet resolveu aplicar bilhões de coroas na destruição da Amazônia.

O maior equívoco da política norueguesa para a floresta

Carlos Nobre está preocupado. Ele acaba de realizar a principal palestra numa importante conferência sobre clima e floresta tropical, em Oslo. As florestas do mundo são vitais para o clima da Terra, disse. São elas as responsáveis por regular os padrões de chuva, resfriar grandes áreas de território e aprisionar as maiores quantidades de carbono. As florestas armazenam mais carbono que os oceanos, explica. Se as queimarmos, uma quantidade absurda de CO_2 e gases do efeito estufa será devolvida à atmosfera.

O local é o hotel SAS. É junho de 2018 e a plateia no auditório ouve atentamente. O brasileiro Nobre é um dos pesquisadores climáticos mais respeitados do mundo. É especialista na conexão entre floresta tropical, atmosfera e clima e já esteve à frente de todas as organizações meteorológicas e climáticas do Brasil. Coordenou também um grande número de comitês climáticos internacionais e é um dos principais autores do último relatório do Painel Climático da ONU.

Em Oslo, ele recorreu a um conceito que estava ausente da pesquisa sobre o clima havia alguns anos: "ponto de inflexão". Para a Amazônia em si, trata-se do fato de que a maior parte da floresta pode simplesmente desaparecer se o desmatamento atingir um determinado patamar. No pódio, Nobre mostrou que a estação seca na Amazônia já está mais longa e, de 2010 a 2016, houve seis extremos de secas e inundações.

Nada parecido foi registrado desde que os europeus chegaram à América, há mais de 500 anos. As florestas tropicais estão desaparecendo rapidamente e a principal razão para isso, explicou Nobre, é o corte e queima de florestas naturais para abrir espaço para a pecuária e a soja.

Imediatamente após a fala de Nobre, foi a vez de Carine Smith Ihenacho, do Oljefondet. Ihenacho é a "Chief Corporate Governance Officer"[136] do fundo soberano norueguês, o que significa que é responsável por acompanhar a conduta das empresas nas quais o fundo investe.

— O desmatamento também é importante para os investidores — disse ela ao abrir sua fala. — No longo prazo, prosperidade depende de um desenvolvimento sustentável. É por isso que temos uma estratégia em relação às mudanças climáticas, e é por isso que mantemos um diálogo ativo com as empresas nas quais investimos.

Em seguida, Ihenacho explicou como o fundo trabalha para reduzir o risco de desmatamento no seu portfólio de investimentos. Entre outras medidas, já vendeu participações em 58 empresas e excluiu quatro pela mesma razão.

O porquê da preocupação de Carlos Nobre foi expresso durante o coffee break seguinte: "Mas o Fundo Petrolífero investe na JBS!", me disse ele num tom exaltado. "São eles que estão por trás de grande parte do desmatamento na Amazônia. A JBS financia todo o sistema!"

O Oljefondet investe bilhões em empresas que acarretam problemas ambientais na Amazônia. Em primeiro lugar, em carne bovina. Queimadas com o objetivo de abrir espaço para pastagem de gado bovino são de longe a maior causa do desmatamento no Brasil e, consequentemente, das grandes emissões de GEE do País. À distância, as nuvens de fumaça que sobem do mar de fogo lembram um cogumelo atômico. Nada menos que 75% de todas as áreas desmatadas na Amazônia são queimadas para fornecer capim ao esguio e branco gado da raça nelore. O gado é criado em fazendas de pequeno e médio portes, em áreas recém-desmatadas, e só então é transportado para fazendas maiores, para a engorda e o abate.

Quando Carlos Nobre e Carine Ihenacho dividiram o palco no SAS Hotel, o fundo norueguês era coproprietário dos três principais *players* do setor, as empresas brasileiras JBS, Marfrig e Minerva. As três compram gado e operam grandes redes de matadouros e frigoríficos por todo o Brasil, aos quais cabe processar, empacotar, vender e exportar carne e derivados. Juntos, eles integram a espinha dorsal da indústria de carne na Amazônia. A maior destas empresas é a JBS, que durante algum tempo foi segunda maior empresa alimentícia do mundo, depois da suíça Nestlé, mas à frente da Kraft Foods.

A JBS já foi multada por comprar gado de áreas desmatadas ilegalmente, e está profundamente envolvida em vários dos principais escândalos de corrupção que assolam o Brasil. Um dos proprietários da JBS, Joesley Batista, gravou ilegalmente conversas com o ex-presidente do Brasil Michel Temer durante um encontro secreto que tiveram em 2017, numa tentativa de negociar uma redução de pena.[137]

— Sabe quanto a JBS doou a políticos em campanha eleitoral na última década? — me pergunta um Nobre inconformado durante o *coffee break* no hotel SAS. Ele mesmo responde: — Mais de quinhentos milhões de reais! Eles apoiaram mais de mil candidatos pelo país, a bancada ruralista inteira, por exemplo.

Segundo o pesquisador brasileiro, tanto os crimes ambientais como a corrupção deveriam ser motivos suficientes para o Oljefondet vender sua participação na JBS. O que o surpreendeu foi o fato de o fundo norueguês ter feito justamente o contrário nos últimos anos. De 2015 a 2016, o investimento quintuplicou, de 114 milhões para 600 milhões de reais.

Muita gente não gostou. Várias organizações ambientais norueguesas criticaram o Oljefondet por esses investimentos. O que poucos sabem é que o fundo discretamente resolveu se mexer. Dias depois de Carlos Nobre externar publicamente sua irritação na conferência sobre a floresta tropical em Oslo, o fundo anunciou que venderia sua parte na JBS. O motivo era o "risco inaceitável de a empresa compactuar com corrupção de extrema gravidade".[138] Já não era sem tempo.

O Oljefondet é um portento. Maior fundo soberano do mundo, já investiu em mais de nove mil empresas em 73 países, e detém sozinho 1,4% de todas as companhias listadas nas bolsas mundiais. Além disso, detém títulos internacionais de renda fixa e possui imóveis comerciais numa série de países, incluindo um punhado deles na célebre Regent Street, em Londres.[139] Seu valor varia diariamente conforme as oscilações das bolsas, mas em fins de 2019 ele rompeu a barreira mágica de 10 trilhões de coroas — o correspondente a sete ou oito orçamentos anuais do governo norueguês.

O Oljefondet, ou "Fundo Exterior de Pensões" como se chama oficialmente, foi criado em 1990. O objetivo era claro: gerenciar a fortuna resultante do petróleo extraído da plataforma continental no Mar do Norte. Os políticos já enxergavam então o perigo de as grandes receitas do petróleo superaquecerem a economia norueguesa. Ao mesmo tempo, queriam fazer uma poupança para ser usada em momentos de necessidade e permitir a distribuição da renda ao longo de gerações. Faz sentido, mas não é tão incomum quanto parece. Existem muitos fundos públicos de pensão em todo o mundo, e vários foram criados com as receitas de atividades de mineração ou petróleo, a exemplo do Oljefondet. O que o torna especial — além do valor exorbitante — são os critérios de responsabilidade social e ambiental cada vez mais rígidos nos investimentos que faz. As diretrizes exigem que o fundo se mantenha longe de empresas produtoras de tabaco, armas de fragmentação, armas nucleares, minas terrestres. Mais tarde, foram introduzidas novas regras contra o investimento em empresas que empregam mão de obra infantil ou são culpadas de outras violações graves dos direitos humanos.

Estes requisitos não surgiram do nada. Somente em 2004, após uma pressão constante de organizações e de alguns partidos políticos, e após várias reportagens veiculadas na mídia, o Oljefondet estabeleceu diretrizes éticas para seus investimentos. Na época, um dilema serviu como um divisor de águas para o fundo: depois que a campanha contra as bombas de fragmentação ganhou o Prêmio Nobel da Paz, a imagem do fundo ficou arranhada por investir em empresas que fabricam esse tipo de armamento.

Olhando em retrospecto, chama a atenção como políticos e banqueiros reagiram de início contra quem cobrava a adoção de requisitos éticos mais rigorosos. "Não podemos proibir tudo aquilo que a Esquerda Socialista não gosta", disse o então primeiro-ministro Jens Stoltenberg quando o partido trouxe a questão ao Parlamento, em 2001. Per-Kristian Foss, da Direita, e o presidente do Banco Central da Noruega, Svein Gjedrem, argumentaram de maneira parecida, dizendo que seria muito difícil na prática separar as empresas boas das más.[140] Hoje, tais afirmações são simplesmente vergonhosas e sobressaem como uma tentativa de se esquivar de problemas graves que não podem ser ignorados. Felizmente, o debate tomou um outro rumo no decurso de poucos anos, provavelmente impulsionado por pressões externas e pela crescente constatação de que o padrão ético do Oljefondet era muito pobre.

Em 2004, as diretrizes éticas foram referendadas pelo Stortinget e o Conselho Independente de Ética do Oljefondet foi criado. Cabe a ele, por iniciativa própria, examinar as empresas que integram o portfólio do fundo e recomendar eventuais exclusões. Foi exatamente uma recomendação do conselho que levou à venda da JBS. Os motivos estão disponíveis para consulta na internet.[141]

O outro mecanismo para evitar investimentos prejudiciais é chamado de "gerenciamento de riscos" e se baseia nas expectativas delineadas em documentos do próprio fundo. Os três primeiros e mais importantes destes documentos abordam direitos infantojuvenis, mudanças climáticas e recursos hídricos.[142] Estes três temas se sobrepõem parcialmente ao código de ética que norteia o conselho, mas se baseiam em outros fatores e servem para sinalizar que os investimentos podem ter prejuízos concretos caso venham à tona informações de que o fundo apoia empresas envolvidas em escândalos desta natureza.

Na prática, o conselho lida com as questões mais graves, enquanto o próprio fundo avalia se deve vender sua parte em empresas ou setores de potencial risco financeiro. A lógica é que práticas duvidosas podem resultar em campanhas negativas, listas negras, boicotes ou outras sanções que, por sua vez, podem derrubar os preços das ações. O limite para as vendas baseadas no risco é significativamente menor do que para exclusão por conflitos éticos, como também mostram os números de Carine Smith Ihenacho. O fundo se desfez de 58 empresas devido ao desmatamento, mas excluiu apenas quatro.

O Oljefondet estabeleceu também um conjunto abrangente de regras para evitar investir em negócios com potencial de causar danos ambientais graves. Mesmo assim, um levantamento sobre o perfil ambiental dos investimentos realizados esbarrou numa longa fila de esqueletos no armário.

Em 2012, a RFN e a Amigos da Terra publicaram um relatório de enorme repercussão sobre o portfólio de investimentos do Oljefondet em países com florestas tropicais. O documento era intitulado "Beauty and the Beast" ["A Bela e a Fera"].[143] Nele, as duas organizações estudaram os investimentos feitos pelo fundo nas indústrias que mais destroem as florestas tropicais: óleo de palma, mineração, pecuária, petróleo e gás, extração de madeira, produção de soja e energia hidrelétrica. Os montantes investidos foram então comparados aos valores prometidos pela Noruega para proteger as florestas tropicais do mundo. A análise mostrou que o investimento em indústrias desmatadoras era 27 vezes maior que o dinheiro destinado à proteção das florestas.

— Ficamos surpresos com o volume do dinheiro e com a abrangência e a frequência com que o Oljefondet investia nestas indústrias — diz Vemund Olsen, da RFN. — Havia uma falta de conscientização sobre o assunto na Noruega em geral e no Oljefondet em particular. E isso demonstra uma moral ambígua da Noruega em relação às florestas.

Pode não ser de todo justo comparar o volume total do investimento mundial com promessas de investimento anual, mas a principal conclusão é cristalina: o Estado norueguês investe muito mais em indústrias que destroem as florestas tropicais do que em iniciativas para protegê-las.

Desde 2012, os investimentos do fundo soberano em indústrias de alto risco de desmatamento mais que duplicaram. Cálculos da RFN mostram que, em 2019, a soma passou de 82 para 180 bilhões de coroas.[144]. No mesmo período, o valor total do Oljefondet mais que dobrou. Assim, a porcentagem de investimentos com alto risco de dano às florestas tem se mantido estável, embora — obviamente — devesse ter caído.

Ao mesmo tempo, muita coisa positiva aconteceu. "Devido às mudanças climáticas, passamos a avaliar a rentabilidade de determinados setores na perspectiva de sua sustentabilidade no longo prazo", disse Yngve Slyngstad num café da manhã organizado pelo Greenpeace e pelo Futuro em Nossas Mãos, em 2016.[145] É uma declaração particularmente bombástica considerando que partiu do responsável pelo maior fundo soberano do mundo, cujos pronunciamentos públicos costumam ser mais comedidos. Isso significa claramente que o Oljefondet reconhece que as mudanças climáticas são profundamente problemáticas, inclusive para os próprios investimentos que faz. Slyngstad reconheceu que as empresas que induzem mudanças climáticas representam um risco financeiro para as futuras pensões da Noruega. Como consequência, o fundo se retirou de várias delas que atuam na mineração e extração vegetal. Também vendeu toda sua participação no óleo de palma, a indústria que mais destrói as florestas no sudeste da Ásia.

Foi exatamente por isso que Carlos Nobre achou que a participação na JBS era surpreendente e problemática para o fundo. Investir mais de 1 bilhão de coroas numa empresa responsável por desmatar uma área de floresta tão extensa é algo que destoa do tom das declarações anteriores e da crescente preocupação mundial com o assunto. O fundo retirou-se, enfim — mas a justificativa foi a corrupção. Melhor para a floresta e o clima teria sido que a JBS fosse excluída por causa dos danos ambientais. Razões não faltariam, e teria um efeito de dissuasão nas concorrentes.

Mas então onde o fundo petrolífero põe o dinheiro que vai para o Brasil? Até o final de 2018, o fundo havia investido 26,5 bilhões de reais em ações de 120 empresas diferentes, um recorde histórico, 18,5 bilhões de reais a mais que dois anos antes. Além disso, aporta mais 12 bilhões de reais em títulos de renda fixa. Tudo somado, o valor total investido no Brasil naquele ano foi de quase 40 bilhões de reais. Os dois maiores investimentos individuais foram na Vale e na Petrobras, as duas empresas brasileiras com maior emissão de GEE.[146] A Vale também está diretamente envolvida na produção de energia hidrelétrica e na mineração na Amazônia. A Petrobras opera a extração de gás na floresta tropical.

Os investimentos na gigante JBS estavam entre os maiores no Brasil até o fundo alienar sua participação. Hoje, o Oljefondet ainda detém ações da segunda maior empresa do ramo a atuar na Amazônia, a Marfrig. O valor é significativamente menor do que era na JBS, mas o problema é o mesmo: a Marfrig também compra gado, opera matadouros, abastece a indústria alimentícia com carne *in natura* e processa alimentos para o consumidor final — e também está envolvida no desmatamento ilegal.[147] A Marfrig é uma parte da engrenagem das empresas que mais destroem a Amazônia.

O segundo lugar neste processo de devastação fica com a indústria de soja. A Noruega está diretamente envolvida através das importações de soja, como vimos no capítulo 12. O Oljefondet também está envolvido neste problema complexo por meio de investimentos em grandes distribuidores internacionais de soja.

Há muitos compradores de soja brasileira, mas Bunge e Cargill dos EUA são "os dois compradores de soja mais intimamente associados ao desmatamento", segundo um relatório da organização Mighty Earth.[182] O relatório demonstra a relação promíscua entre compradores, fazendeiros e indústria: os compradores constroem silos e estradas, fornecem as sementes e os agrotóxicos e até financiam as operações para "abrir novas áreas de cultivo". Em outras palavras, as duas empresas estão envolvidas diretamente na destruição da floresta tropical. Em maio de 2018, tanto a Bunge como a Cargill foram multadas pelo Ibama por comprarem soja proveniente de áreas desmatadas ilegalmente.[149] O Oljefondet tem quase 300 milhões de reais em ações da Bunge, e investiu 367 bilhões de reais em debêntures da Bunge Finance Corp., nos EUA.

Não é só. Quase 1 bilhão de reais foram investidos pelo fundo na ADM, antiga Archer-Daniels-Midland. Ao lado da Bunge e da Cargill, a ADM é uma das maiores intermediárias de soja no Brasil, e opera em áreas com maior ocorrência de desmatamento ilegal. De acordo com a plataforma de monitoramento Trase, que conecta dados sobre desmatamento e produção de soja, ADM, Bunge e Cargill ocupam o topo da lista de risco de desmatamento no País.[150]

Um recém-chegado ao comércio brasileiro de soja é a chinesa Cofco International. A empresa se estabeleceu no Brasil apenas em 2014, mas já em 2017 passou a figurar entre as maiores em volume de exportação.[151] Hoje, a Cofco é provavelmente uma das maiores compradoras da soja brasileira, contudo, diferentemente dos outros grandes varejistas, a empresa não tem um único grão de soja certificado no seu portfólio. Em vez disso, os chineses optaram por trilhar um caminho à parte, fazendo uma declaração pública contra o desmatamento e criando uma iniciativa sino-brasileira pela soja sustentável.[152] Poderia, naturalmente, ser uma boa notícia, exceto que não é. Na maioria dos casos, quando uma empresa novata opta por permanecer fora das rotinas de certificação estabelecidos está sinalizando ao mercado que opera com padrões inferiores. O Oljefondet tem mais de 15 milhões de coroas em ações da Cofco, registradas no paraíso fiscal das Ilhas Cayman.

A última indústria que quero abordar também já foi mencionada anteriormente. O fundo soberano norueguês investe grandes somas em hidrelétricas brasileiras, a maior parte — cerca de 350 milhões de reais em ações, mais 88 milhões de reais em debêntures — na estatal Eletrobras, que está por trás da hidrelétrica de Belo Monte, no Xingu, por meio de sua subsidiária Norte Energia. A Norte Energia foi indiciada e condenada por uma série de violações de direitos humanos e danos ambientais durante a construção de Belo Monte.[153] Em particular, indígenas e outros povos tradicionais foram coagidos, viram minguar o leito do rio e padecem com a imprevisibilidade da imigração em massa de colonos.

Já estive lá várias vezes. Anos atrás, percorri a remo 110 quilômetros pelo rio Xingu. Primeiro, pelo reservatório próximo a Altamira, ainda em processo de acúmulo de água. Passamos pela represa que se estende por seis quilômetros através do rio, e em seguida remamos pelo trecho quase seco do leito, chamado Volta Grande. Lá, cerca de 80% do fluxo de água desapareceu, um desastre para a vida aquática e ribeirinha.

Uma das cenas que mais me marcou foi avistar um bagre onde o rio já quase não fluía. Acostumado a viver num ambiente outrora abundante em oxigênio, o peixe deve ter procurado desesperadamente um refúgio numa piscina formada pelo barranco onde nossa canoa arrastou o fundo, mas a água ali estava quente e estagnada. O bagre estava morto e apodrecendo. Lembro-me de ter imaginado quantos outros peixes e animais sofrem exatamente a mesma sina.[154]

Na passagem por Altamira, o que vi foram moradores revoltados. De início, os comerciantes e os forasteiros que vieram trabalhar na construção ficaram muito satisfeitos. Com as obras se aproximando do fim, porém, a cidade entrou em colapso. Hotéis, pousadas e lojas faliram. Ainda assim, os compromissos da Norte Energia com a comunidade local não foram honrados. O novo hospital não foi construído. Os conjuntos habitacionais para onde os moradores despejados foram obrigados a se mudar eram de péssima qualidade. Até o presídio, que a Norte Energia prometeu construir, não estava pronto.[155] E, talvez o pior: o sistema de esgoto, um pré-requisito para que o rio fosse represado bem diante da cidade, não estava em operação. Quando este livro foi impresso, no início de 2020, somente uma minoria das residências numa cidade de 100 mil habitantes estavam conectadas à rede de esgoto. O restante despejava os dejetos direto no rio, inclusive nas praias à margem do calçadão.

Muitas das violações dos direitos humanos da Norte Energia dizem respeito aos povos indígenas, ao direito de serem consultados previamente diante de projetos desta magnitude, do seu acesso à terra e aos recursos naturais, bem como ao direito que têm os moradores de não serem deslocados à força, sem razão factual.[156] Diante disso, a grande questão aqui é até onde vai a responsabilidade do Oljefondet.

Embora sejam basicamente responsabilidade do Estado, empresas privadas também são corresponsáveis na salvaguarda dos direitos humanos. É o que dizem os organismos internacionais mais relevantes, como as diretrizes de responsabilidade empresarial da ONU,[157] os regulamentos da Organização de Cooperação e de Desenvolvimento Econômico para empresas multinacionais[158] e os padrões de desempenho de empresas privadas (*Performance Standards*) do Banco Mundial.[159] A Eletrobras, cujo acionista majoritário é o Estado brasileiro, tem uma responsabilidade ainda maior de cumprir e fazer cumprir estas regras. O Oljefondet, por seu turno, comprometeu-se a acompanhar de perto projetos que representem risco de degradação ambiental e violações de direitos. As grandes hidrelétricas na Amazônia são exemplos flagrantes de ambos.

Em decisões anteriores, o conselho de ética afirmou que violações graves de direitos humanos são motivo suficiente para excluir uma empresa do portfólio do fundo. Em caso de violações sistemáticas, não é preciso que sejam graves.[160] Em Belo Monte as violações aos direitos humanos foram *sistemáticas e graves*. Sistemáticas na medida que a Norte Energia e a Eletrobras, ano após ano, não ouviram os povos indígenas, não observaram o direito que têm à propriedade das terras e de não serem invadidos; desrespeitaram também o direito que tinha a população local de não ser removida sem uma razão fundamentada e uma compensação justa. Além disso, a Norte Energia e a Eletrobras ignoraram repetidamente vários requisitos das licenças de construção e operação.

Além de graves, certas violações foram também desnecessárias, sobretudo a realocação à força de pescadores que habitavam ilhas ao largo do rio Xingu. Eles foram realocados, despropositadamente e sem consulta prévia, para imóveis insalubres. O nível da água do reservatório não inundou as ilhas nas quais viviam.

A Norte Energia é responsável também por não proteger devidamente as terras indígenas contra a onda de imigração que todos sabiam que viria em consequência da construção da hidrelétrica. Isso causou enormes danos à vida e à cultura daquelas pessoas, principalmente à terra indígena Ituna/Itatá, estabelecida justamente para proteger tribos em isolamento voluntário. Nos últimos anos, houve um aumento acentuado na invasão e no desmatamento ilegal da área, o que põe em risco a vida de populações extremamente vulneráveis.

Delimitar e proteger terras indígenas é dever do Estado brasileiro. Um pré-requisito para o início das obras da Norte Energia era, portanto, que a empresa, em nome da Funai, construísse uma série de postos de controle nas fronteiras dos territórios indígenas da região. O posto de controle de Ituna/Itatá nunca saiu do papel.

A Norte Energia também foi obrigada a oferecer os meios para que a Funai pudesse melhorar e ampliar sua atuação. Isso foi feito, mas tarde demais, o que, indiretamente, pôs em risco a saúde e a vida dos indígenas.[161] Além disso, as medidas adotadas pela empresa para solucionar os problemas foram insuficientes e contribuíram para exacerbar os conflitos. Um relatório da Funai afirma com todas as letras que a implementação "inadequada" de medidas pela Norte Energia causou ainda mais danos aos povos indígenas que a construção da hidrelétrica em si.[162]

Como se não bastasse, a corrupção na construção de Belo Monte foi generalizada. A Engevix, com quem a Statkraft e a SN Power tinham negócios, admitiu isso. O mesmo vale para a gigante da construção civil Odebrecht.[163] Os chefes destas foram condenados por corrupção. O cerco logo começaria a se fechar também em volta da Eletrobras. Em 2018, o ex-ministro Antônio Delfim Netto foi arrolado nos inquéritos da Lava Jato, acusado de receber milhões ilegalmente por ter trabalhado em favor da Eletrobras nas licitações.[164]

Minha recomendação ao Oljefondet é, portanto, esta: desfazer-se da participação na Eletrobras e de todas as outras empresas infratoras que atuam na Amazônia.

Coube ao ex-ministro do Meio Ambiente e Desenvolvimento norueguês Erik Solheim proferir o discurso de encerramento da conferência sobre florestas tropicais em Oslo, em 2018, na qual Carlos Nobre foi um dos pontos altos durante a abertura. Pouco antes de discursar, Solheim integrou um painel sobre possíveis caminhos para as florestas tropicais do mundo. Durante a sessão, a plateia podia enviar perguntas pelo celular usando o aplicativo da conferência. Embora fosse a sessão de encerramento, que costuma ser mais leve e adotar um tom otimista ao final de uma maratona de debates, decidi enviar uma pergunta num tom mais crítico. Perguntei sobre os bilhões que a Noruega destinava para conservação da floresta tropical comparados com o dinheiro empregado na importação de soja, na expansão dos negócios noruegueses e proveniente do Oljefondet — uma soma vultosa, que vai de encontro aos objetivos do investimento na floresta. A pergunta foi selecionada, exibida numa tela e lida pela mediadora Frances Seymour.

A princípio, Solheim não entendeu a questão. Talvez estivesse mal formulada porque havia sido digitada às pressas no celular e se resumia a duas linhas. Conversei com Seymour mais tarde e ela achou que Solheim havia hesitado por outra razão, não porque eu tivesse lhe apontado um paradoxo. Talvez, a seus olhos, o mundo funcionasse exatamente desta maneira.

Com uma ajudinha da mediadora Seymour, Solheim acabou abordando o Oljefondet na resposta, e foi ao cerne do que deveria ser um debate crucial sobre a política fiscal e ambiental da Noruega: a gestão do fundo soberano deve ser mais ativa em favor de investimentos sustentáveis ou continuar como antes, aliando retorno financeiro com estratégias climáticas, investigações setoriais e uma ou outra exclusão ou venda de participação, caso se comprove o dano ambiental decorrente?

— O Oljefondet precisa ser mais utilizado em investimentos sustentáveis — afirmou Solheim. — O fato de não termos feito isso ainda é o maior erro na política norueguesa em relação às florestas tropicais.

No segundo semestre de 2019, o líder do Partido Trabalhista, Jonas Gahr Støre, causou uma comoção ao aceitar o desafio de Solheim. Durante um debate com a primeira-ministra Erna Solberg (Direita), na Conferência Zero, Støre afirmou que o fundo é uma "ferramenta política" que deve ser empregada mais ativamente para investir em energias renováveis e sustentáveis. A primeira-ministra reagiu imediatamente, classificando a afirmação de "muito perigosa". Acrescentou que a fala do líder da oposição poderia resultar numa explosão de demandas e expectativas irreais sobre o fundo. "Estaríamos criando uma enorme dificuldade para nossa política externa. Seria como atirar no próprio pé", respondeu a primeira-ministra. Contrário ao seu estilo, Støre retrucou de bate-pronto, afirmando que fechar os olhos diante dos desafios climáticos "seria como dar um tiro na própria cabeça".

Segundo Anders Bjartnes, editor do periódico *Energi og Klima*, Støre quebrou um tabu.[165] Até então, nenhum político de maior relevância dos dois partidos que se alternam no poder da Noruega — Direita e Trabalhista — ousara tocar no assunto. O fato de um líder partidário tê-lo feito agora indica que o debate está maduro.

A adoção de diretrizes éticas pelo Oljefondet enfrentou enorme resistência no início da década de 2000. Em alguns anos, espero poder olhar em retrospecto para 2020 e perguntar por que demorou tanto para que o fundo começasse a investir apropriadamente em sustentabilidade.

Alguns dias depois de Erik Solheim criticar a falta de conhecimento do Oljefondet sobre as florestas tropicais, o ministro da Indústria foi pressionado a explicar no Parlamento as ações da Norsk Hydro na Amazônia. A comissão de Controle e Constituição do Stortinget considerou o caso tão sério que interpelou o ministro Torbjørn Røe Isaksen para que explicasse o ocorrido e detalhasse as providências que a empresa e o ministério haviam tomado[ix].

---

ix No dia 13 de maio de 2020, o Conselho de Ética do Oljefondet anunciou que venderia sua participação nas brasileiras Vale e Eletrobras por reiteradas violações ao meio ambiente e desrespeito aos direitos humanos. (NdoT)

Um ministro sem rumo

A presidente do Stortinget toma a palavra: "Item número quatro da pauta. Esclarecimentos do ministro da Indústria sobre a situação da Norsk Hydro no Brasil. Ministro Torbjørn Røe Isaksen, por favor".[166]

Isaksen ajusta a camisa sob o paletó, entrega uma minuta ao estenógrafo e sobe empertigado os quatro degraus que conduzem à tribuna do Parlamento. Atrás do púlpito, põe uma pilha de papéis diante de si e, sem levantar o olhar, começa o pronunciamento numa voz firme e grave: "Senhora presidente!".

Este livro trata da presença da Noruega no Brasil, da atuação da Hydro na Amazônia e do escândalo do vazamento da Alunorte, em Barcarena. Naquele 7 de junho de 2018, estes três tópicos convergiram durante a sessão do Parlamento norueguês. A exemplo do que ocorreu em 1979, as operações da Hydro na Amazônia se tornaram tão onerosas para a Noruega que o Parlamento interveio para debater o caso.

Em 1979, a reação veio depois da moção apresentada pelo partido Esquerda Socialista, com base nas informações contidas no livro *Norge i Brasil*, que resultou na venda da participação da estatal ÅSV no projeto do rio Trombetas. A Hydro, uma empresa privada com forte participação do Estado, ficou quieta esperando a tempestade passar. Manteve sua participação no Trombetas, que mais tarde lhe permitiu comprar a refinaria de alumina em Barcarena. A despeito do tema embaraçoso e dos enormes prejuízos ambientais, políticos e sociais, a Hydro obteve um grande retorno financeiro.

Em 2018, coube ao único representante do partido *Rødt* [Vermelho], Bjørnar Moxnes, questionar formalmente o ministro sobre as operações da Hydro no Brasil. Moxnes foi secundado pelo representante da Esquerda Socialista na comissão de Controle e Constituição, Torgeir Knag Fylkesnes, que obteve a unanimidade dos votos da comissão para convocar o ministro ao Parlamento.

Encimado no alto da Colina dos Leões, a construção de tijolos amarelos desponta na paisagem de Oslo. Das galerias se tem uma visão geral do plenário revestido de veludo roxo com detalhes dourados. Do teto ricamente decorado pende um sólido candelabro banhado a ouro. De frente para as bancadas, na cadeira mais alta, senta-se a presidente. Imediatamente atrás dela está a célebre pintura *Eidsvoll 1814*, imortalizando a promulgação da Constituição da Noruega, de autoria de Oscar Wergeland. No alto da parede, o brasão de armas do Estado, com dois metros de altura, exibe um leão rampante dourado, encimado por uma coroa, empunhando um machado de prata. O Stortinget é um local solene e carregado de simbologia.

Da tribuna, Isaksen prossegue demonstrando segurança na voz, mas sua expressão corporal trai seu nervosismo: "Agradeço pela oportunidade de esclarecer as providências que o Estado adotou e outras informações relevantes relacionadas à fábrica de alumina da Alunorte, de propriedade de Norsk Hydro, no Brasil".

Pelos próximos doze minutos, Isaksen leu em voz alta o documento que trouxe consigo. Nada do que disse foi espontâneo ou improvisado. Ainda assim, o pronunciamento estava cheio de omissões. Não trouxe informações novas, e todas as que mencionou tinham como fonte exclusiva a Hydro.

Foi ao mesmo tempo surpreendente e decepcionante, uma vez que a empresa majoritariamente estatal fora multada em mais de 50 milhões de coroas por crimes ambientais e condenada a reduzir a produção e, consequentemente, sofrer um prejuízo bilionário. O ministro teve uma excelente oportunidade para demonstrar como o governo leva a sério questões ambientais e sociais, sobretudo envolvendo empresas norueguesas, mas não a aproveitou.

Isaksen disse algumas palavras sobre as expectativas que o governo tem diante das empresas que possui. Que devem ser "líderes no âmbito da responsabilidade social" e figurar "na linha de frente no respeito ao clima e ao meio ambiente". Mais adiante, acrescentou que empresas nas quais o Estado tem participação acionária "devem cumprir leis e regulamentos dos locais onde operam". São platitudes.

Estas são as premissas que fundamentam a participação acionária do Estado norueguês no capital privado. Em vez de citá-las como conclusão, em seu pronunciamento o ministro deveria tê-las usado como pressuposto. A partir daí, deveria ter avaliado até que ponto a Hydro se comportou da maneira que o Estado esperava. Sobre a responsabilidade social corporativa, por exemplo, poderia ter tecido considerações sobre as informações oferecidas pela empresa à comunidade local e à imprensa. Eram satisfatórias? Poderia também ter dito algo sobre os programas sociais que a Hydro conduz nas comunidades onde atua. São bons o suficiente? Em relação ao meio ambiente, poderia ter se referido à estação de tratamento da Alunorte. A Hydro se certificou de que o equipamento estava adequadamente dimensionado para garantir que a empresa figurasse "na linha de frente" nas questões afeitas ao clima e ao meio ambiente?

O ministro, evidentemente, mencionou os fatos ocorridos em Barcarena, mas quase sempre formulando frases que começavam com "A Hydro informou que" ou "Segundo a Hydro". Em nenhuma ocasião Isaksen citou outras fontes a não ser própria Hydro. Quando finalmente chegou no cerne da questão, os vazamentos ilegais que a Hydro afinal admitiu que ocorreram, apenas a versão da empresa foi apresentada: os relatórios da Hydro concluíram que não houve vazamentos dos depósitos de lama vermelha, e não há indícios de que a Alunorte tenha contaminado a comunidade local ou feito algo que possa ter afetado os rios, reiterou o ministro. Mas outros relatórios chegaram a conclusões diferentes, e exatamente por isso o caso teve tanta repercussão. Cabe então a pergunta: o ministério não conduziu nenhuma investigação própria?

No final do pronunciamento, Isaksen afirmou que era sua responsabilidade garantir que a Hydro atendesse às expectativas que o Estado tem da empresa. No entanto, não revelou se assim foi no caso dos vazamentos. O pouco que disse equivale a nada: "Os negócios da Hydro no Brasil estão sob a responsabilidade do conselho diretor. Portanto, não vou expressar opiniões sobre a conduta da empresa em relação a condições operacionais concretas e específicas".

Qualquer um sabe que um ministro do governo não pode se imiscuir em operações de empresas privadas. Mas um ministro da Indústria pode muito bem ter uma opinião sobre como uma empresa majoritariamente estatal vem atendendo às expectativas do Estado. Não é exatamente para isso que está no cargo? Isaksen poderia muito bem ter se aprofundado na questão sem que isso representasse uma intromissão nos negócios da Hydro; no entanto, preferiu não fazê-lo.

Assim como a Hydro sempre demonstrou ser mais leal aos acionistas que à população local, Isaksen escolheu ser mais leal à Hydro que ao Stortinget e aos contribuintes, assumindo o papel de porta-voz da empresa.

A questão central do que acabou por ficar conhecido como escândalo da Hydro é: o que, afinal, escapou da Alunorte, tanto no dia da chuva torrencial como nas semanas que se seguiram? Na tribuna do Stortinget, Isaksen limitou-se a repetir relatórios e frases feitas do departamento de comunicações da Hydro, segundo os quais não houve vazamento dos depósitos de lama vermelha da Alunorte. Mas nem Isaksen nem a Hydro chegaram sequer a tangenciar o motivo que arrastou a empresa para o olho do furacão: afinal, que tipo de líquido vazou ilegalmente? Primeiro, através do famoso duto de drenagem; depois, pelo canal velho; e, por fim, do depósito de carvão? Nos três casos, informações sobre vazamentos reais e ilegais foram divulgadas na imprensa local *antes* de a Hydro admitir os fatos. No relatório enviado ao ministério da Indústria no dia 25 de maio de 2018, a Hydro fazia menção apenas ao *primeiro* destes vazamentos, dando a impressão de que, ao omitir os outros dois, esperava que fossem relegados ao esquecimento. Pelo visto, Isaksen e o próprio ministério morderam a isca.

Mas o que realmente vazou? A resposta, infelizmente, ninguém sabe. Nem a Hydro, nem autoridades ambientais, pesquisadores ou jornalistas serão capazes de dizer exatamente o volume ou o teor do líquido que escapou. O que podemos afirmar com algum grau de certeza, no entanto, é que, no primeiro caso, a Hydro acredita que pelo duto de drenagem escaparam de dois a cinco metros cúbicos de água. Não é muito. A água em questão resultava da forte chuva e foi se acumulando pelo terreno da fábrica. Neste caso, além de pó de bauxita, devia conter muita sujeira (poeira, impurezas, folhas etc.), óleo, restos de soda cáustica e de outros aditivos usados no processo fabril. Não é sem razão que a Hydro é obrigada a limpar toda essa água residual antes que possa despejá-la nos rios. No interior da maior refinaria de alumina do mundo há muita coisa que não pode simplesmente ser descartada a esmo.

No outro caso — o canal velho — a Hydro não estimou o volume do vazamento, mas de acordo com o diretor de comunicação da empresa, Halvor Molland, foram vários vazamentos controlados. O primeiro ocorreu no dia 17 de fevereiro e, depois, numa série de ocasiões entre 20 e 25 do mesmo mês. Novamente, a Hydro explicou que se tratava de água de superfície, mas desta vez acrescentou que continha soda cáustica, cujo pH era balanceado para minimizar riscos antes de ser liberada no rio.[167] Uma vez que a própria empresa não tem estimativas de volume, é quase impossível para terceiros calcular a extensão da contaminação. Mas a julgar pelas dimensões do canal velho, só pode ser uma quantidade muito maior do que a que escapou pelo duto de drenagem.

Quando visitei a Alunorte, soube que a Hydro anteriormente havia liberado líquidos contaminados através do mesmo canal. Entre outros detalhes, me contaram de um caso ocorrido em abril de 2017. Segundo o funcionário anônimo da Hydro que serviu de fonte a várias reportagens veiculadas na imprensa brasileira, era algo bastante comum — um procedimento padrão adotado em caso de chuva forte.

Nem no terceiro caso, em que a água poluída do depósito de carvão da Alunorte foi despejada ilegalmente no sistema de escoamento da fundição Albras, a Hydro forneceu estimativa de volume. Disse apenas que se tratava de "água de chuva sem tratamento". Pode-se então concluir que, neste caso, também pó de bauxita e sujeira escaparam da fábrica para o rio. A Hydro afirmou que este vazamento originou-se numa área onde no passado funcionou um depósito de "hidratos", uma terminologia química para substâncias que contêm água na composição,[168] mas sem especificar de qual tipo. Num comunicado à imprensa, no entanto, a Hydro fez uma afirmação digna de nota: "Estas emissões ocorreram independentemente da chuva forte de fevereiro",[169] uma admissão tácita de que este vazamento teria acontecido em outras ocasiões.

Foi o que pude confirmar quando visitei a Alunorte. Ao me aproximar do depósito de carvão, fui orientado a colocar máscara e óculos de proteção quando ainda estava no carro, além do capacete, casaco e botas que tinha que usar o tempo inteiro. Meu guia na Hydro explicou que os vazamentos ocorridos ali eram da água que escorria do telhado de um grande depósito. A enxurrada fluía pelas calhas e por um cano no chão para o sistema de esgoto da Albras. Estes vazamentos, com toda a probabilidade, vêm ocorrendo desde que o depósito de carvão existe.

Mais difícil é precisar a toxicidade deles. Uma vez que se desconhece o volume ou o grau de poluentes, é impossível determinar o dano que podem causar. No entanto, é possível fazer suposições fundamentadas. Aqui, prefiro confiar no que disseram as autoridades brasileiras, que investigaram e atestaram as garantias da Hydro de que não houve vazamentos diretos dos depósitos de lama vermelha. Tanto o Ibama, federal, quando a Semas, estadual, enviaram técnicos para o local nos dias seguintes à chuva intensa. Ambos concluíram, assim como a própria Hydro, que as barragens estavam intactas. As multas e sanções ocorreram em decorrência de violações de leis, regras e licenças, não por causa dos vazamentos.

Noutras palavras, o que escorreu foi água de chuva contaminada — num acidente (pelo duto que vazou), intencionalmente (pelo canal velho) e, provavelmente, sem que a empresa tenha sequer percebido (do depósito de carvão). Dado o pouco volume, a contaminação levada pelo duto de drenagem não pode ter sido grande. O solo ao redor e as nascentes do rio Murucupi logo abaixo foram cuidadosamente analisados e não mostram concentrações de toxinas acima dos valores-limite. A grande massa de água poluída do canal foi lançada diretamente no leito do Pará, um rio muito maior. Quando visitei a Alunorte, a Hydro explicou que só decidiu liberar a água diretamente no rio depois de tratá-la durante cinco horas. Neste caso, a maior parte deve ter sido descontaminada.[170] Chegando ao rio, o líquido diluiu-se rapidamente. Assim, os vazamentos de 2018 foram diferentes do ocorrido em 2009, quando cardumes de peixes mortos apareceram boiando após a lama vermelha alcançar o rio. A água poluída que escorreu do telhado do depósito de carvão no rio Pará muito provavelmente não era tão perigosa. As próprias medições que a Hydro fez no rio não mostram toxinas em níveis prejudiciais à saúde.

Mas então qual é o problema? Se a Hydro não deixou vazar nada das barragens de lama vermelha, e os vazamentos que de fato ocorreram tiveram um impacto ambiental apenas moderado, há alguma razão para se preocupar?

Felizmente, os vazamentos não foram tão graves quanto se temia a princípio. No entanto, este caso revelou problemas graves e de várias naturezas nas operações da empresa norueguesa na Amazônia. Citando ponto a ponto: para começar, a Hydro deliberadamente falhou ao prever a capacidade das suas estações de tratamento. A empresa mesmo afirmou que descartou água poluída através do canal várias vezes nos últimos anos. Após o escândalo, a Hydro anunciou um investimento de 500 milhões de reais para aumentar a capacidade das estações, uma medida que já estava em curso quando ocorreram os vazamentos de fevereiro de 2018. A solução é boa, mas vem tarde demais. A Hydro era coproprietária da Alunorte desde a década de 1990, e já deveria estar bem familiarizada com índices pluviométricos e problemas de dimensionamento. Depois que assumiu o controle total em 2011, a empresa passou sete anos *sem* implementar melhorias nas estações de tratamento de água. Em outras palavras, estamos falando de uma negligência deliberada, durante um período longo, com repercussões ambientais graves.

Em segundo lugar, a Hydro *lançou* na natureza resíduos poluídos. Embora — provavelmente — não tenha acarretado danos ambientais mais graves em 2018, foi uma conduta inteiramente fora da lei, intencional e duradoura, que dá mostras da falta de consideração da empresa pelas pessoas, pelo meio ambiente e pela legislação brasileira.

O terceiro grande problema é de nível estrutural. A Hydro capacitou o complexo Alunorte para produzir em larga escala, mas ficou a dever no quesito ambiental. O chefe da Hydro demitido após o escândalo de 2018 chama-se Sílvio Porto. Em 2017, foi ele o beneficiário do maior bônus de toda a corporação, maior até que o do próprio CEO Brandtzæg, justamente por causa dos "bons" resultados obtidos no Brasil.[171] O bônus total de

Porto foi de 3,7 milhões de coroas além do salário de 1,9 milhão de reais. Sua remuneração era baseada em desempenho, o que significa dizer que quanto mais a Alunorte produzia, maior era seu quinhão. Duvido que no seu contrato de trabalho houvesse algum incentivo para fortalecer desempenho ambiental da fábrica. Há, isto sim, indícios veementes de que o meio ambiente era negligenciado na lista de prioridades: a Alunorte, maior refinaria de alumina do mundo, emprega milhares de pessoas. Apenas quatro trabalhavam em tempo integral com o meio ambiente quando a crise dos vazamentos eclodiu.

Quarto e último ponto: a Hydro ocultou a verdade da população local e da imprensa quando os vazamentos ocorreram. Negou pública e repetidamente que houvesse alguma irregularidade na Alunorte. Foram os moradores e a imprensa que forçaram a Hydro a admitir os vazamentos. Este comportamento é ao mesmo tempo irresponsável e antiético.

A Hydro reclamou que as sanções recebidas foram desproporcionais. Na minha opinião, as multas de 20 milhões de reais foram adequadas, mas impor uma redução de 50% produção foi extremamente oneroso para a empresa, e não contribuiu em nada para diminuir o risco de vazamentos posteriores. Do ponto de vista da Hydro, esta sanção foi inaceitável. É compreensível que seja assim, mas do ponto de vista dos habitantes de Barcarena a situação é diferente. Aqui abordamos a responsabilidade mais ampla da Hydro, uma empresa que obtém lucros estratosféricos às custas da degradação da natureza e de prejuízos à sociedade.

Barcarena tem um dos maiores portos e distritos industriais da Amazônia. Todos os dias, centenas de milhões, talvez bilhões de reais, deixam o município na forma de bauxita, alumina, alumínio, caulim, cimento, soja, carne, farinha, frutas, fertilizantes artificiais, pesticidas e outros produtos agrícolas e industriais. Ao mesmo tempo, Barcarena é um dos municípios mais pobres do Brasil. Os índices de desemprego e a violência são altíssimos, a pobreza é generalizada e os sistemas escolar e de saúde estão em condições precaríssimas.

A rede de abastecimento de água e esgotamento sanitário do lugar é um desastre. Dos 300 municípios mais populosos do Brasil, Barcarena ocupa o último lugar neste quesito.[172] Zero por cento do esgoto é tratado, cem por cento dos despejos vão parar em mangues, igarapés e rios. Apenas 21% da população têm acesso à rede de abastecimento, o restante obtém água de poços artesianos, uma das razões pelas quais as inundações e vazamentos da Alunorte são tão preocupantes. Todo o lixo coletado no município é descartado, sem tratamento ou reciclagem, em aterros abertos, expostos à chuva, sol e vento. Substâncias perigosas acabam escorrendo com as chuvas para igarapés e rios e se infiltram no lençol freático do qual a população tanto depende. No meio de tudo isso, muitas pessoas — mulheres e homens, meninas e meninos — sobrevivem do lixo, catando o pouco que ainda resta de valor nos monturos daquilo que nós descartamos. Eu já estive num dos lixões próximos da Alunorte. É chocante. É o tipo de miséria que se esperava que não mais existisse no Brasil.[173]

Um dos maiores escândalos de Barcarena é justamente este: como pode uma riqueza assim conviver lado a lado com tanta pobreza?

Não é difícil entender por que isso acontece, infelizmente. Esta é mais a regra do que a exceção num país como o Brasil, e ocorre também no resto do mundo. Grandes empresas extraem valiosos recursos naturais e poluem a natureza ao redor de campos, rios, minas, lavouras e bacias de petróleo. Grandes fábricas transformam matérias-primas em produtos processados que vendem a quem estiver disposto a pagar mais, enquanto destroem implacavelmente o entorno onde se localizam. Muitas pessoas conseguem um emprego, mas uma parcela ainda maior fica sem o seu. Os governos locais não podem, ou não querem, adotar impostos e taxas elevados o suficiente para compensar os danos, não são capazes de garantir que a legislação ambiental seja respeitada e não dão conta de fornecer a infraestrutura necessária para atender à demanda de pessoas à procura de trabalho. As empresas ficam com a parte do leão. Os municípios ficam com as sobras, herdam desafios sociais enormes e problemas ambientais ainda maiores. Em Barcarena, a Hydro é de longe a empresa mais importante. A Hydro e a Noruega, portanto, têm a responsabilidade de oferecer melhores condições para o município se desenvolver.

Visto de uma perspectiva local, o escândalo da Hydro é muito maior que os vazamentos de fevereiro de 2018. São décadas lidando com miséria, violência, destruição ambiental, desmandos administrativos e uma indústria que não dá a devida importância nem às pessoas nem à natureza. A Hydro está presente em Barcarena há mais de 25 anos, e desde 2011 não lhe faltaram oportunidade nem meios de enfrentar estas questões. E o que fez a Hydro? As iniciativas de responsabilidade social corporativa da empresa são uma extensão de projetos sociais, de alcance limitado, anteriormente conduzidos pela Vale. Além disso, todos os anos a empresa patrocina a viagem de um time de futebol para disputar a Norway Cup, em Oslo. A Hydro também ingressou num fórum de diálogo entre município, sociedade civil e empresas em Barcarena — uma iniciativa louvável que, infelizmente, não teve muito sucesso.

A maior parte desta verba, entretanto, foi aplicada em outra coisa: trazer ao Brasil a banda norueguesa a-ha. Cada vez que penso nisso sinto uma indignação que é compartilhada, eu sei muito bem, por muita gente na própria Hydro. Se o objetivo era promover mudanças duradouras e positivas numa sociedade, é pura tolice queimar dezenas de milhões para o a-ha fazer uma apresentação de noventa minutos. Há uma infinidade de maneiras diferentes de empregar este dinheiro de forma mais produtiva. Se, por outro lado, o objetivo é se destacar como uma mineradora antiquada e paternalista numa república de bananas então, sim, este é o jeito certo.

O episódio me lembra a declaração de Svein Richard Brandtzæg de 2010, sobre o "forte compromisso social e responsabilidade ambiental e corporativa" que herdou da antiga proprietária da Alunorte, a Vale. Também me faz lembrar o que disse a Articulação Internacional dos Atingidos pela Vale: os maiores poluidores do setor de mineração são os que mais gastam em publicidade e em artistas para fortalecer sua relação com o Brasil.

Felizmente, as coisas estão mudando. O escândalo dos vazamentos em Barcarena fez soar um alarme na Hydro — em muitos aspectos. A empresa está agora em processo de retificação de práticas ilegais, ampliando as estações de tratamento e estreitando os laços com as comunidades locais. Uma das medidas de maior alcance que a Hydro adotou após o escândalo foi o lançamento da Iniciativa Barcarena Sustentável. Serão investidos centenas de milhões de reais em projetos sociais e comunitários na próxima década, em parceria com o município e a população local. Isso é muito bom, mas, a exemplo da modernização das estações de tratamento, chega muito tarde. Levou sete anos e um show do a-ha para acontecer.

No momento em que este texto está sendo escrito, a Hydro está prestes a retomar os 100% da produção na Alunorte. Após uma maratona no judiciário brasileiro, a sentença que condenou a empresa a reduzir pela metade a produção foi revogada em maio de 2019.[174] A proibição de usar a nova barragem de lama vermelha, DRS2, vigorou até setembro do mesmo ano.[175] Só então, após um ano e meio de restrições, a Hydro conseguiu voltar ao ritmo de antes. O custo dos vazamentos ilegais em Barcarena foi alto. Não custou somente os bilhões em receitas perdidas. Também resultou "num arranhão profundo na pintura de uma reputação de 114 anos de idade, construída tijolo por tijolo na sociedade norueguesa", nas palavras do *Aftenposten*.[176]

Para algumas pessoas, o preço foi ainda mais alto. O cientista Marcelo Lima, do Instituto Evandro Chagas, foi processado pela Hydro por "disseminar afirmações falsas" que "maculavam a honra da empresa". Felizmente, Lima foi absolvido e a Hydro condenada a pagar as despesas legais.[177] Mas apenas imagine o drama de alguém que vai a julgamento num processo movido por uma corporação internacional. É este o papel que a Norsk Hydro quer desempenhar na Amazônia? Atribuindo a cada um a sua parcela de responsabilidade, pergunto: processar um pesquisador é algo que está de acordo com as expectativas do Estado norueguês de ser "líder no âmbito da responsabilidade social"?

Para muitos funcionários da Hydro, o assunto teve sérias repercussões pessoais. Milhares de trabalhadores brasileiros foram demitidos ou obrigados a entrar em férias coletivas. Perderam a renda e a confiança que depositavam no trabalho. Vários funcionários da Alunorte foram interrogados pela polícia e informados de que corriam o risco de serem responsabilizados pessoalmente devido aos vazamentos. A maioria das pessoas com quem falei estava desesperada, particularmente um simpático e competente engenheiro de nome Emanoel, o homem que me levou para conhecer o duto que vazou, o canal velho e o alto da barragem de lama vermelha. Ele estava apenas tentando fazer seu trabalho, e por causa disso corria o risco de ser preso? Felizmente, a situação não chegou a tanto, mas não foram poucos os momentos de tensão e sofrimento que testemunhei.

Se a crise custou o emprego ao chefe da Alunorte no Brasil, Sílvio Porto, na Noruega uma cabeça também rolou. Na pesquisa que fiz para escrever este livro, uma fonte da Hydro em particular sabia desde o início o que aconteceria com o alto comando da empresa: o CEO Svein Richard Brandtzæg seria forçado a deixar o cargo. "Não vai ser agora. Será dentro de um ano ou mais, e a razão alegada será outra, uma aposentadoria ou algo assim, para não manchar a reputação nem dele nem da empresa. É assim que as coisas são na Hydro", disse. Era ainda o primeiro semestre de 2018. Minha fonte, entretanto, não tinha dúvidas de que o verdadeiro motivo por trás era o escândalo dos vazamentos.

E assim foi: em meados de 2019, Brandtzæg pediu para sair. Segundo o comunicado da Hydro à imprensa, ele se retirava "a pedido, depois de dez anos como principal executivo".[178]

Enquanto Torbjørn Røe Isaksen repetia os argumentos da Hydro na tribuna do Stortinget, em junho de 2018, um político chamado Jair Bolsonaro começava a despontar nas pesquisas eleitorais para a presidência do Brasil. Deputado federal inexpressivo, presente no Congresso havia décadas sem nunca ter feito algo digno de nota — exceto defender a ditadura militar e a tortura e se referir a mulheres, negros e homossexuais de forma depreciativa —, Bolsonaro queria ser presidente. Já ocupava o segundo lugar das pesquisas com 15% das intenções de voto. Na dianteira, isolado com 33%, estava o ex-presidente Lula, impedido de concorrer por estar na prisão, condenado por corrupção.[179]

Lula acabou fora das eleições. Semanas depois, Bolsonaro foi esfaqueado num evento de campanha que teve enorme repercussão e lhe rendeu simpatia e votos. Ganhou as eleições e em 1º de janeiro de 2019 assumiu o cargo de 38º presidente do Brasil. As consequências para a Amazônia seriam rápidas e dramáticas. O impacto nos interesses noruegueses também foi tremendo, mas afetou de maneira bastante diferente cada um dos lados da relação paradoxal que a Noruega tem com a floresta tropical: embora significasse uma freada repentina nas transferências do Fundo Amazônia, para as empresas representou novas e lucrativas oportunidades de negócios.

O Brasil sob Bolsonaro

— A Noruega não é aquela que mata baleia lá em cima, no Polo Norte, não? Que explora petróleo também lá?[180]

A frase não é de um militante ambientalista radical nem de um fazendeiro com simpatias pela extrema-direita. Foi a reação do presidente do Brasil, Jair Bolsonaro, quando a Noruega congelou o apoio ao Fundo Amazônia, em agosto de 2019. A parcela de cerca de 150 milhões de reais foi retida.

O presidente continuou: "A Noruega não tem nada a nos oferecer. Não tem nada a oferecer para nós. Pega a grana e ajuda a Angela Merkel a reflorestar a Alemanha". Em seguida, Bolsonaro foi ao Twitter e postou um vídeo com imagens falsas acusando a Noruega de promover a matança de baleias.[181] O episódio não contribuiu em nada para melhorar uma relação bilateral que já andava tensa.

Para as pessoas e o meio ambiente da Amazônia, a retenção do dinheiro é uma má notícia. Não apenas pela interrupção no fluxo de caixa de bons projetos em andamento. Ainda mais preocupante é o fato de que a decisão marca uma mudança de rumo muito clara na política brasileira. Significa que um investimento crucial até então destinado à luta contra o desmatamento será destinado a outros setores.

Há também algo mais profundo. O pano de fundo ideológico para o conflito entre a Noruega e o Brasil é a apropriação da questão climática pelo populismo de direita na batalha pelo voto, uma batalha cujos expoentes são justamente homens como Bolsonaro, no Brasil, e Donald Trump, nos EUA. Na Noruega, este posto é ocupado por um político de nome Carl I. Hagen, do Partido do Progresso.

Por mais de dez anos, Noruega e Brasil trabalharam juntos para reduzir o desmatamento na Amazônia. Então, Bolsonaro foi eleito. Foi um acordo sem paralelo para o Brasil, que recebeu recursos para financiar medidas ambientais que, de outra forma, não teriam sido implementadas. Os brasileiros definiram quais projetos seriam beneficiados. Todas as medidas contribuíram para atender às metas ambientais e climáticas estabelecidas pelo País.

Mesmo antes de Bolsonaro ser eleito presidente, uma mudança de rumos já se prenunciava no horizonte. Ao ser perguntado sobre o nome do novo ministro do Meio Ambiente, Onyx Lorenzoni, um de seus assessores mais próximos, desenvolveu uma longa e sinuosa linha de argumentação criticando as organizações ambientais. Disse estar preocupado com organizações não-governamentais (ONGs) que recebiam grandes somas de dinheiro e concluiu seu pensamento com a seguinte frase: "São os noruegueses que devem aprender com o Brasil, não temos nada a aprender com eles!".[182] Depois deu as costas aos jornalistas, visivelmente irritado, e abandonou a entrevista.

Era um aviso do que estava por vir. Lorenzoni obviamente se referia ao Fundo Amazônia. A Noruega sentiu-se na obrigação de responder, algo que o embaixador Nils Martin Gunneng fez com elegância no dia seguinte, numa sequência de três tuítes: "A #Noruega aprendeu muito sobre as questões ambientais com o #Brasil. Nossos dois países colaboram há dez anos e os resultados do #Fundo Amazônia do @BNDES no #Brasil impressionam o mundo. @onyxlorenzoni será uma honra recebê-lo em nossa embaixada para falar sobre florestas e outras áreas de cooperação entre a Noruega e o Brasil".[183]

Lorenzoni, coordenador da transição governamental, nunca respondeu ao convite e, dias depois, foi nomeado por Bolsonaro para o poderoso cargo de ministro-chefe da Casa Civil do novo governo.

O próximo lance do conflito ocorreu em 17 de maio de 2019, por acaso a data nacional da Noruega, Dia da Constituição. O novo ministro do Meio Ambiente, Ricardo Salles, foi à imprensa questionar a "eficácia" do Fundo Amazônia.[184] As críticas do ministro ignoravam o fato de o próprio BNDES ter incluído no seu Relatório Anual o impacto positivo que os projetos tinham para alcançar as metas governamentais de redução do desmatamento. É preciso mencionar que uma auditoria realizada pelo Tribunal de Contas da União no Fundo Amazônia no ano anterior concluiu que não havia indícios de irregularidades.

Mesmo assim, o ministro Salles queria uma análise minudente dos projetos selecionados, os quais, segundo ele, continham "indicativos de desfuncionalidades" (sic). Todos os projetos que o ministro queria esmiuçar eram conduzidos por ONGs. Salles também acreditava que o comitê orientador, considerado pela Noruega uma das pedras angulares do fundo, deveria ser constituído de outra maneira. A ampla composição do comitê, com representação federal, dos estados da Amazônia e da sociedade civil, foi um argumento crucial para a Noruega firmar o acordo com o Brasil. O ministro Salles fez questão de tranquilizar a imprensa afirmando que havia discutido o assunto com a Noruega e a Alemanha: "Todo mundo entende que estas mudanças são necessárias".

A declaração não correspondia à opinião que a Noruega tinha sobre a questão. Em plena comemoração da data nacional, o embaixador Gunneng enviou um comunicado à imprensa rejeitando alterações na estrutura de governança do Fundo Amazônia: "O fundo depende de um rigoroso monitoramento do desmatamento realizado por instituições científicas brasileiras, bem como de uma governança transparente e diversa, com a ampla participação da sociedade civil", escreveu ele. O embaixador também revelou estar "muito satisfeito" com a contribuição do fundo para a redução do desmatamento.[185]

A imagem que emergiu era clara: o novo governo do Brasil queria orientar o Fundo Amazônia numa direção diferente do que havia sido acordado. Bolsonaro e Salles pareciam especialmente hostis às organizações ambientais e indígenas que recebiam apoio financeiro. Quando o novo governo, em junho, publicou a lista de conselhos estatais e comitês que seriam mantidos, nem o comitê gestor do Fundo Amazônia nem seu comitê científico foram mencionados.

O conflito atingiu um novo pico em 15 de agosto de 2019. Foi a vez do então ministro norueguês do Clima e Meio Ambiente, Ola Elvestuen, ir à imprensa: "O Brasil rompeu o acordo com a Noruega e a Alemanha, em vigor desde quando os comitês gestor e técnico do Fundo Amazônia foram criados. Eles não podem fazer isso sem o aval da Noruega e da Alemanha", disse Elvestuen ao *Dagens Næringsliv*.[186] A Noruega, portanto, congelou o apoio financeiro para 2019. O que parecia inconcebível poucos meses antes se tornara realidade.

Nenhum outro governo brasileiro dos últimos 30 anos agiu deliberadamente para *não* receber ajuda ambiental externa. É revelador o fato de que *todos* os ministros do meio ambiente brasileiros desde a década de 2000, de todos os matizes ideológicos, se uniram e criticaram publicamente a política ambiental do governo Bolsonaro à medida que a tensão com a Noruega escalava. O motivo da oposição do novo governo ao Fundo Amazônia não pode ser outro senão o desinteresse nos objetivos da cooperação, isto é, reduzir o desmatamento na Amazônia e as emissões de GEE pelo Brasil. Como bem disse um cartum no caderno infantil do jornal *Aftenposten*: "O Brasil tem um novo presidente que acha legal derrubar e queimar a floresta amazônica".[187] Simples assim.

Uma semana após a decisão de congelar o fundo, o jogador de futebol Cristiano Ronaldo postou uma foto dramática no Twitter.[188] Era uma visão aérea de um incêndio que se alastrava pelo horizonte. O texto dizia que a floresta amazônica estava pegando fogo, que produzia 20% do oxigênio do mundo e era nossa responsabilidade contribuir para salvar o planeta.

Mais tarde, descobriu-se que a imagem não era da Amazônia, mas de um incêndio ocorrido anos antes, no Sul do Brasil. Cristiano Ronaldo foi bastante criticado por isso. O argumento do oxigênio também recebeu críticas, as mesmas que ocorreram durante a primeira campanha pela floresta tropical na Noruega, em 1989.

No turbulento segundo semestre de 2019, as mídias sociais foram inundadas com fotos e imagens semelhantes, e textos demonstrando preocupação com o que ocorria. As queimadas e o desmatamento na Amazônia renderam manchetes na mídia tradicional do mundo inteiro. Nas greves escolares pelo clima que ocorreram em vários países do mundo surgiam cartazes em defesa da floresta tropical. As queimadas foram incluídas na pauta da importante cúpula do G7 ocorrida na França. O congelamento do Fundo Amazônia pela Noruega, portanto, não resultou num vácuo. Nunca antes, mesmo durante a turnê mundial de Sting e Raoni, a Amazônia teve tanto destaque na agenda global.

Mas por que um destaque tão avassalador? Já houve incêndios mais graves no passado, assim como o desmatamento na região também já foi maior. Deve haver outras razões para a Amazônia subitamente ter se tornado o problema número um aos olhos do mundo. O principal motivo por trás disso é a preocupação crescente com as mudanças climáticas, extinção de espécies e devastação ambiental. Quando surgiram notícias de uma aceleração depois de 15 anos de contínua e acentuada redução do desmatamento, muita gente reagiu. Mas o que agravou essas reações, no entanto, foi a postura das autoridades brasileiras diante da questão.

Enquanto o presidente Bolsonaro e o ministro Salles se desentendiam com a Noruega por causa do Fundo Amazônia, o Instituto Nacional de Pesquisas Espaciais (Inpe) divulgou relatórios preocupantes. Desde 1988, o Inpe vem medindo o desmatamento da Amazônia por meio de imagens de satélites. Durante três décadas, estas imagens vinham servindo de parâmetro para cientistas do mundo inteiro, mas quando novos dados mostraram um forte aumento no desmatamento, Bolsonaro afirmou que as medições não estavam corretas e exigiu que fossem refeitas. O diretor do Inpe, Ricardo Galvão, veio a público defender as medições, as conclusões e a credibilidade do próprio instituto. Ato contínuo, foi demitido.

Ao mesmo tempo, Bolsonaro teve que enfrentar críticas internas. Numa tentativa de banalizar o caso, e talvez pretendendo ser engraçado, o presidente se intitulou "capitão motosserra".[189] Alguns dias depois, sem apresentar nenhuma evidência, jogou a culpa pelas queimadas nas organizações ambientais do País: "Então, pode estar havendo, sim, pode, não estou afirmando, ação criminosa desses 'ongueiros' para chamar a atenção contra a minha pessoa, contra o governo do Brasil", disparou.[190]

Num contexto de grande preocupação com a floresta tropical, a biodiversidade e o clima, Bolsonaro é visto com uma pessoa arrogante, ignorante e provocadora. Resumindo numa frase: a reação mundial à floresta sendo consumida pelo fogo aumentou justamente porque Bolsonaro é Bolsonaro, e porque é o presidente do Brasil.

Para um setor, no entanto, as declarações de Bolsonaro não podiam vir em melhor hora: seu fiel eleitorado brasileiro. Voltamos então ao novo aspecto do debate sobre a floresta tropical na era de Trump e Bolsonaro: o populismo de direita e a negação climática.

O populismo de direita pode ser definido como uma ideologia política que combina uma política conservadora à retórica populista, abrangendo desde partidos mais ao centro no espectro ideológico até grupos francamente fascistas. A retórica não dá margem ao contraditório, é polarizadora e frequentemente caracterizada pela tentativa de contrapor "pessoas comuns" às "elites" de diversas feições.

A imigração é, tradicionalmente, a questão mais importante para os partidos populistas de direita na Europa. Sabemos disso muito bem da Noruega, onde o Partido do Progresso há décadas assumiu este protagonismo. Mais ao sul da Europa, vários partidos populistas de direita também fazem forte oposição à União Europeia (EU) e a outras iniciativas de cooperação multinacionais.

Mais recentemente, uma nova questão vem ganhando destaque: "Muitos destes partidos voltaram suas críticas contra a política climática, que passou à frente de temas anteriormente mais polêmicos, como a imigração e a oposição à UE", explicou Stella Schaller, do *think tank* alemão Adelphi ao *Aftenposten* na esteira das eleições da UE, em 2019.[191] Schaller estava então à frente de um relatório que procurava mapear a orientação de 21 partidos populistas de direita, inclusive o PP norueguês, em relação ao clima.[192] As conclusões do relatório foram claras. A grande maioria dos partidos populistas de direita são contra as políticas climáticas, aqui entendidas como medidas para reduzir as emissões de GEE e aumentar a captura de carbono. Eles votaram contra estas políticas em seus países de origem e também no Parlamento Europeu. As justificativas foram: porque eram medidas caras (*afetam nosso comércio e nossa indústria*), injustas (*sacrificam sobretudo os mais pobres*), prejudiciais ao meio ambiente (*energia solar e eólica destroem a vida animal e a paisagem*) ou não valem o esforço (*nossas emissões são pequenas comparadas às chinesas*).

O estudo identificou duas causas subjacentes ao aumento do populismo de direita negacionista das mudanças climáticas. Primeiro, um ceticismo diante de qualquer afirmação com base científica. Vários destes partidos rejeitam a ideia de que as emissões humanas de GEE levam às mudanças climáticas. A segunda razão é uma noção de autonomia nacional, diante da qual as medidas climáticas e os acordos internacionais são percebidos como uma ameaça à soberania local.

Este estudo foi conduzido na Europa, mas não é difícil traçar paralelos com as Américas. O presidente Donald Trump é um cético declarado do aquecimento global e retirou os EUA do Acordo de Paris. No Brasil, o igualmente cético Bolsonaro declarou durante a campanha eleitoral que faria o mesmo. Se até agora não o fez, foi principalmente por causa da oposição da própria comunidade empresarial brasileira. Os empresários estão cientes dos prejuízos que isso acarretaria aos interesses comerciais brasileiros no exterior. Como presidente, Bolsonaro acendeu a luz verde para a maior fonte de emissões de GEE do Brasil, ou seja, o desmatamento.

A retórica de Trump e Bolsonaro é muito semelhante àquela dos populistas de direita europeus, e gira em torno de dois temas principais: um forte ceticismo (real ou oportunista) à ideia de mudanças climáticas provocadas pelo homem, e uma exacerbação do nacionalismo que desconhece qualquer argumento em contrário. A semelhança nos slogans da campanha eleitoral de Trump, "*America First*", e da campanha eleitoral de Bolsonaro, "Brasil acima de tudo", é reveladora.

A resposta do Brasil à preocupação da cúpula do G7 diante dos incêndios florestais na Amazônia é um excelente exemplo de como isso reflete no cenário político mundial. O anfitrião, François Macron, presidente da França, fez da Amazônia um tema de destaque durante a cúpula. Macron afirmou que a saúde da floresta tropical tem consequências globais e, portanto, é uma responsabilidade global. Bolsonaro reagiu duramente acusando Macron de se intrometer em "assuntos internos" brasileiros, e qualificou a atitude do francês de "colonial".[193] Durante a reunião do G7, Macron deu um passo atrás e enfatizou que todas as medidas internacionais devem, é claro, respeitar a soberania do Brasil. Os países do G7 decidiram então destinar cerca de 100 milhões reais para combater as queimadas na Amazônia. Bolsonaro rejeitou a oferta e acusou a França e o G7 de tratarem o Brasil como "uma colônia ou uma terra de ninguém". Ato contínuo, o presidente brasileiro fez comentários depreciativos sobre a esposa de Macron.[194]

Esta disputa sobre as queimadas obedece, ponto a ponto, a receita de rejeitar medidas climáticas com base na "soberania nacional". O Brasil recebeu uma oferta de milhões em auxílio, com o compromisso de respeito à sua soberania, mas Bolsonaro optou por rejeitar o apoio com base na falsa premissa de proteger a Amazônia de interferências estrangeiras. "Esses países querem se aproveitar dos nossos recursos", afirmou numa transmissão ao vivo pelo Facebook. "É uma região rica em minerais, água potável e possui grandes extensões de terra desabitadas. É disso que o mundo está atrás", afirmou.[195]

Há aqui uma contradição peculiar e muito reveladora da retórica e da política bolsonaristas. O presidente usa argumentos nacionalistas para rejeitar a ajuda internacional de apoio a medidas ambientais. Diz que a preocupação da comunidade internacional com o fogo na mata se deve a um suposto interesse pelos recursos naturais do Brasil, e sinaliza que ele próprio, Jair Messias Bolsonaro, é quem está impedindo o mundo de saquear o País. Ao mesmo tempo, escancarou as portas da floresta e fez exatamente aquilo que acusa a comunidade internacional de fazer: por meio da desregulamentação, privatização e celebração de novos acordos de comércio e investimento, o governo Bolsonaro facilitou em muito o acesso de empresas multinacionais à exploração de recursos na Amazônia e no resto do Brasil.

Há um paralelo histórico preocupante aqui. Assistimos à mesmíssima contradição durante a ditadura militar. O regime promoveu em larga escala a abertura de estradas na Amazônia, cujo marco foi a grande rodovia Transamazônica. Os militares também construíram usinas hidrelétricas, indústrias e outras obras infraestruturais, e realizaram uma grande campanha para incentivar as pessoas a se mudar para a Amazônia. O argumento principal era o de conectar melhor a região ao resto do Brasil, para que nenhuma potência estrangeira quisesse assumir o controle das enormes áreas supostamente despovoadas. "Integrar para não entregar", era um dos lemas do regime. Ao mesmo tempo, a ditadura convidou uma série de empresas estrangeiras para se estabelecer na Amazônia e explorar seus recursos, e para tanto lhes deu tanto incentivos fiscais como vultosos empréstimos estatais.

Assim como na década de 1970, as autoridades brasileiras de hoje estão diante das mesmas contradições. Argumentos nacionalistas de proteger a Amazônia dos interesses internacionais, e com isso angariar apoio popular, andam de mãos dadas com uma política neoliberal de impulsionar o investimento estrangeiro na região, como sabem muito bem as empresas norueguesas. Durante a ditadura militar, foram a Norsk Hydro e a ÅSV no rio Trombetas. Mais ao sul, Erling Lorentzen e sua gigante do ramo de celulose, a Aracruz, bem como a Borregaard.

Hoje, esse é o caso sobretudo da petrolífera Equinor, maior empresa da Noruega.

Semanas após a provocação de Bolsonaro em relação à caça às baleias, a responsável pelas operações brasileiras da Equinor, Margareth Øvrum, voltou para casa. Numa entrevista ao *Dagens Næringsliv*, elogiou a política econômica de Bolsonaro, acrescentando que o Brasil gerenciava a floresta amazônica melhor que ninguém: "No Brasil, 80% das florestas estão protegidas. Sabe quantos por cento das florestas norueguesas estão protegidas? Quatro por cento. Se você andar pela floresta no Brasil, não verá um papel no chão. Eles cuidam muito bem", disse ela.[196]

Por onde começar? Tomemos primeiro os 80%. Sim, é verdade que em partes da Amazônia os proprietários são obrigados a preservar 80% das florestas na terra que lhes pertence. A medida foi posta em prática por um governo anterior para garantir a necessária proteção de grandes riquezas naturais, mas o grande problema é que não é respeitada. Pior ainda é o fato de que o Congresso brasileiro há anos vem trabalhando para minar a legitimidade da medida e enfraquecê-la. A grande questão hoje, e Margareth Øvrum deveria saber disso muito bem, é que o presidente Bolsonaro é o crítico mais ferrenho deste tipo de lei ambiental. Não perde uma oportunidade de incentivar as indústrias pecuária e mineradora a realizar atividades que provocam mais desmatamento, ao arrepio de todas as leis e regulamentos.

Mais: o Brasil cuida bem de suas florestas? O fato de que Øvrum não viu um papel caído pelo chão pela floresta não pode ser tomado como um indicador disso. É antes um sinal de que provavelmente esteve hospedada em resorts privados, com um bom contingente de jardineiros e guardas a escoltá-la. Hoje, infelizmente, o Brasil é sistematicamente guiado na direção de desrespeitar suas próprias metas climáticas e as obrigações assumidas no Acordo de Paris, resultando em mais desmatamento e menos replantio que o prometido.

— Veja a Amazônia de hoje — continuou a chefe da Equinor na entrevista. — Muita coisa é distorcida. As queimadas e o desmatamento são uma preocupação. Mas quando a Europa reclama do Brasil, muitos brasileiros sentem que a soberania do Brasil está em jogo. — Nem Bolsonaro diria melhor.

Não consigo mais me surpreender com disparates assim. Já vi diversos líderes empresariais noruegueses ignorantes apoiando o governo brasileiro incondicionalmente — não importa o que aconteça —, decerto para evitar dissabores com políticos e empresas brasileiras.

Preocupa-me mais hoje ver a história se repetindo, agora que o País voltou a ter um governo de extrema-direita. Na sua época, Erling Lorentzen tratava pelo primeiro nome ditadores e outros expoentes do regime militar. Defendia o golpe militar enquanto abria as portas para a comunidade empresarial norueguesa que queria se estabelecer no Brasil. Para qual Brasil Lorentzen apresentou as empresas norueguesas foi a indagação que fiz anteriormente neste livro. Quando a chefe da Equinor no Brasil diz o que diz, a dúvida é: a qual Brasil ela foi apresentada? E, por extensão: por quais valores ela se deixa guiar?

No meio da polêmica sobre quem teria ateado fogo à floresta, o presidente Bolsonaro comemorou o acordo de livre comércio entre o Mercosul e a Associação Europeia de Livre Comércio (EFTA). "Outra grande vitória da nossa diplomacia comercial", publicou ele no Twitter.[197] Ninguém estranhou o fato de que, no dia anterior, o presidente acusou a França de ter uma postura "colonialista" por querer ajudar a combater as queimadas na região amazônica. Mais contraditório, impossível.

A Noruega é membro da EFTA. O Mercosul é integrado pelo Brasil, Argentina, Paraguai e Uruguai (e Venezuela, que está suspensa). As negociações estavam em andamento havia anos, na esteira de um acordo comercial semelhante celebrado entre o Mercosul e a União Europeia. Devido à sequência de queimadas e ao crescente desmatamento na Amazônia, França e Irlanda ameaçaram não assinar o documento até que o Brasil demonstrasse uma vontade genuína de deter a destruição. O governo norueguês permaneceu em silêncio e as negociações foram concluídas, exatamente ao mesmo tempo que as queimadas e as *boutades* do presidente Bolsonaro atingiam seu ápice.

Foi "escandaloso e irresponsável", disse Audun Lysbakken, líder da Esquerda Socialista[198]. "Foi o mesmo que jogar gasolina no fogo", declarou Arild Hermstad, do Partido Ambientalistas Verdes. O movimento ambiental norueguês em peso criticou a assinatura do acordo num momento tão inoportuno, afirmando que dar a luz verde para um acordo comercial com o Brasil naquele instante sinalizaria também um apoio ao governo Bolsonaro, e era crucial deixar claro que a política florestal brasileira era inaceitável.

A nata da comunidade empresarial norueguesa não deu um pio. O mesmo fez o homem com maior parcela de responsabilidade pelo acordo comercial, o então ministro da Indústria, Torbjørn Røe Isaksen. O ministro condenou os críticos, alegando que a íntegra do texto não havia sido divulgada. Disse que não se sabia o que o documento propunha em relação à sustentabilidade e pediu paciência.

A inação do ministro Isaksen neste caso foi, na minha opinião, consciente e deliberada. A Noruega poderia ter feito muitas coisas. Poderíamos ter optado por não concluir as negociações enquanto a crise da Amazônia estivesse em andamento. Poderíamos ter feito como Irlanda e França, e salientado que a ratificação do acordo estaria suspensa enquanto o Brasil não arrumasse a bagunça em casa. O ministro também poderia condicionar a assinatura da Noruega à retomada do Fundo Amazônia, da mesma forma que a França exigiu que o Brasil permanecesse no Acordo de Paris para que o acordo comercial com a UE fosse ratificado. Isaksen adotou a mesma estratégia de quando foi confrontado com os vazamentos ilegais da Hydro Alunorte, no ano anterior, isto é, preferiu não mover uma palha.

De certa forma, é como se o tempo tivesse parado. Empresas e dinheiro noruegueses continuam a se envolver em projetos devastadores na Amazônia. As autoridades brasileiras continuam com a retórica contraditória do regime militar. Na década de 1970, as empresas norueguesas se beneficiaram de empréstimos bilionários e de outros tipos de favores, e retribuíram bajulando o regime militar, seja por meio de visitas reais, seja sabotando candidaturas ao Prêmio Nobel da Paz. Hoje, as empresas norueguesas desfrutam dos benefícios da liberalização econômica e respondem defendendo a política de um populista de extrema-direita, hostil à ciência, ao conhecimento e ao meio ambiente.

Por mais quanto tempo devemos agir assim?

Este livro analisou o papel ambíguo da Noruega na Amazônia. Os últimos capítulos abordaram os setores em que a presença norueguesa atualmente é maior: apoio ao Fundo Amazônia, importação de soja, operações de empresas norueguesas e investimento do Oljefondet. Se tomarmos estritamente a Amazônia brasileira, a Noruega S/A investiu entre 15 e 20 bilhões de reais nos setores de mineração, energia hidrelétrica e agrícola nas últimas décadas. São três das indústrias mais devastadoras para a floresta tropical. Além disso, há nossas importações de cerca de um milhão de toneladas de soja a cada ano.

Se levantarmos os olhos e analisarmos o Brasil inteiro, há além disso os investimentos ainda maiores na indústria de petróleo. Lideradas pela Equinor, as empresas norueguesas investiam quase 100 bilhões de reais no Brasil, dos quais cerca de 50 bilhões apenas na última década. Nos próximos anos, a Equinor planeja investir 60 bilhões adicionais. É muito dinheiro.

Estamos num dilema na Amazônia. Por um lado, protegemos a mata, por outro, investimos maciçamente em indústrias que a destroem. Esta é a verdade sobre a Noruega na floresta tropical brasileira. Embora tenhamos destinado entre 3 e 4 bilhões de reais para proteger o meio ambiente e os povos indígenas na última década, investimos cinco a dez vezes mais nas indústrias mais poluentes e prejudiciais ao meio ambiente. Espero que nos próximos anos possamos fazer mais para proteger a Amazônia — e menos para destruí-la.

Para isso, os produtores noruegueses de salmão devem garantir que as importações de soja não prejudiquem o meio ambiente e as pessoas. O Oljefondet deve se retirar de empresas corruptas e prejudiciais à floresta. A Hydro precisa fazer uma rigorosa faxina em casa para limpar não só os vazamentos ilegais, mas também as conexões sujas que mantém com autoridades locais. A

Yara deve impedir o trabalho escravo de subcontratados e garantir que seus clientes não queimem ilegalmente a floresta natural. A Statkraft deve evitar negócios com empresas envolvidas em corrupção, e a Equinor precisa investir muito mais em sustentabilidade ao longo dos próximos anos. Porém, a maior responsabilidade recai sobre o governo, que precisa lançar mão de incentivos e punições para que a atuação da Noruega S/A seja mais responsável do que é hoje.

Quero concluir citando a brasileira Claudelice Silva dos Santos. Ela é irmã do ambientalista assassinado Zé Claudio Ribeiro. Em 2011, ele e sua esposa Maria do Espírito Santo foram baleados e mortos em Nova Ipixuna, no Pará. Zé Claudio e Maria eram camponeses e ambientalistas, denunciaram a grilagem de terras e a extração ilegal de madeira na área de preservação onde moravam, e por isso foram silenciados. Grandes fazendeiros de olho nas terras estão por trás do crime.[199] Os assassinos encurralaram Zé Claudio e Maria em plena floresta e atiraram. Depois, cortaram a orelha de Zé Claudio para provar a quem encomendou o crime que o trabalho estava concluído.[200]

Claudelice esteve em Oslo durante uma grande conferência sobre florestas tropicais, em 2018. Lá, desafiou o público com uma pergunta muito simples, a qual gostaria de repassar para todos que têm uma responsabilidade pelo papel ambíguo da Noruega na Amazônia. Em primeiro lugar, a pergunta vai para políticos poderosos, como a nova ministra do Comércio, Iselin Nybø, líderes empresariais como a atual CEO da Hydro, Hilde Merete Aasheim, magnatas financeiros como o novo gestor do Oljefondet, Nicolai Tangen, e bilionários da piscicultura, como Gustav Witzøe, da Salmar. Mas a pergunta também vale para todos nós, noruegueses, que comemos salmão, bebemos leite e votamos nas eleições deste país: qual é a responsabilidade de cada um de nós?

Agradecimentos

Escrever este livro foi um processo longo e às vezes solitário. Ao longo do caminho, me dei conta de que escrever um livro também é um trabalho coletivo, e foram os melhores momentos de todo o processo. Gostaria de agradecer a todos que contribuíram para ele, um agradecimento que dirijo naturalmente a todas as pessoas com quem conversei e entrevistei, e a todos que compartilharam comigo seus conhecimentos e opiniões. Algumas destas pessoas são mencionadas no livro, mas a maioria, não. A todos, especialmente aos que não foram citados: muito obrigado!

O trabalho coletivo ficou ainda mais claro na fase de discutir o texto. Um grande obrigado a todos vocês que, com a sua leitura crítica e comentários inspiradores, tornaram o livro muito melhor: Anne Leifsdatter Grønlund, Anne Leira, Eivind Volder Rutle, Erik Steineger, Finn Totland, Håkon Lasse Leira, Kamilla Simonnes, Ola Jørgensen e Øyvind Eggen. Por uma questão de ordem: todos os erros e mal-entendidos são de responsabilidade única e exclusiva do autor.

A recepção calorosa que tive na editora Res Publica foi um grande prazer. Obrigado a todos da editora, incluindo capistas, ilustradores, revisores e todos os outros profissionais necessários para que o livro fosse publicado, em especial ao meu editor Halvor Finess Tretvoll, que com maestria esmiuçou e aperfeiçoou o texto original que acabou se tornando este livro.

Um grande obrigado também à Associação Norueguesa dos Autores e Tradutores de Não-Ficção e à Fundação Fritt Ord pelo apoio financeiro. Sem vocês, não haveria livro. Simples assim.

Ver este livro publicado em português é um sonho realizado. Muitíssimo obrigado ao Leonardo Pinto Silva, pela iniciativa, persistência e pela bela tradução. Muito obrigado, também, a Editora Rua do Sabão e ao editor Leonardo Garzaro pela coragem.

Por fim, o mais importante: meu imenso agradecimento ao Sverre, ao Sigurd e à Pia. Que time!

Notas

1. https://e24.no/boers-og-finans/iZRxMwlO/analytiker-beregner-at-hydros-brasil-troebbel-har-kostet-800-millioner

2. Dagens Næringsliv, 12 de março de 2018.

3. Pettersen, Stig Arild (2016): *Erling Lorentzen. Vilje og motstand.*

4. Wallace, Scott (2011): *The Unconquered. In search of the Amazons last uncontacted tribes.* Pág. 61.

5. Pettersen, Stig Arild (2016): *Erling Lorentzen. Vilje og motstand.* Pág. 29.

6. Pettersen, Stig Arild (2016): *Erling Lorentzen. Vilje og motstand.* Pág. 30.

7. Grandin, Greg (2009): *Fordlandia. The rise and fall of Henry Ford's forgotten jungle city.*

8. https://www.scribd.com/document/11035712/Bayer-Process-Chemistry

9. http://justicanostrilhos.org/2009/04/30/barcarena-alunorte-multada-em-r-5-mi-por-vazamento/

10. https://hydro.com/pt-BR/a-hydro-no-brasil/Imprensa/Noticias/2018/alunorte/apos-chuvas-fortes-em-barcarena-areas-dos-depositos-de-residuos-da-hydro-alunorte-operam-normalmente/

11. https://www.iec.gov.br/coletiva-hydro/

12. http://www.bbc.com/portuguese/brasil-43162472

13. https://www.hydro.com/no/hydro-i-norge/Om-Hydro/Var-historie/1946-1977/1963-Da-fiskerne-gikk-pa-land/

14. https://nbl.snl.no/Trygve_Lie

15. https://snl.no/Årdal_og_Sunndal_Verk

16. Meyer, Frank (2012): "Company Towns in a Transnational Commodity Chain: Social and Environmental Dimensions of Aluminum Production in Porto Trombetas, Brazil, and Årdal, Norway". *In* Borges M. J e Torres S. B. (ed.): *Company Towns*.

17. Akerø, D. B., P. E. Borge, H. Hveem og D. Poleszynski (1979): *Norge i Brasil — Militærdiktatur, folkemord og norsk aluminium*. Pág. 18.

18. Cálculo disponível no site do Ministério do Trabalho dos EUA: http://www.bls.gov/data/inflation_calculator.htm

19. Pettersen, Stig Arild (2016): *Erling Lorentzen.Vilje og motstand*. Pág. 257.

20. Berg, Trond e Even Lange (1989): *Foredlet virke. Historien om Borregaard 1889-1989*

21. Gundersby, Per (2014): "Vikingar i Brasilien". In Nordisk pappers historisktidsskrift. Ano 43, n° 2/2014

22. Berg, Trond e Even Lange (1989): *Foredlet virke. Historien om Borregaard 1889-1989*

23. Pereira, Elenita Malta (2014): *Meio Ambiente e Ditadura no Brasil: A luta contra a Celulose Borregaard (1972-75)*.

24. Pettersen, Stig Arild (2016): *Erling Lorentzen.Vilje og motstand*.

25. http://e24.no/naeringsliv/indianerne-seiret-over-kongens-svoger/1965835

26. http://e24.no/naeringsliv/indianerne-seiret-over-kongens-svoger/1965835

27. Berg, Trond e Even Lange (1989): *Foredlet virke. Historien om Borregaard 1889-1989*

28. Leira, Torkjell (2014): *Brasil — Kjempen våkner.*

29. Pettersen, Stig Arild (2016): *Erling Lorentzen. Vilje og motstand.*

30. http://www.bbc.com/portuguese/brasil-43162472

31. https://www.aftenposten.no/verden/i/EojGJK/Hydro-eid-selskap-anklages-for-giftutslipp-i-Brasil

32. https://www.nrk.no/urix/hydro-eid-selskap-mistenkes-for-giftutslipp-i-brasil-1.13932914

33. https://www.dn.no/nyheter/2018/02/25/1618/Industri/hydro-anklages-for-miljoutslipp-i-brasil

34. https://gl.globo.com/pa/para/noticia/ministro-defende-multa-e-suspensao-das-atividades-de-empresa-que-contaminou-aguas-no-para.ghtml

35. https://revistaamazonia.com.br/que-pesa-contra-hydro-alunorte-acusada-crime-ambiental-para/

36. https://oglobo.globo.com/brasil/de-olho-em-211-votos-do-agronegocio-temer-ameaca-politica-ambiental-21621738

37. http://brasileira.no/photos-from-anti-temer-protest-in-oslo/

38. http://brasileira.no/her-er-helgesens-usedvanlig-skarpe-brev-til-brasil/

39. https://www.vg.n0/nyheter/innenriks/i/JaOyb/advarer-brasil-mot-aa-kutte-ned-mer-regnskog

40. https://politica.estadao.com.br/blogs/coluna-do-estadao/governo-retalia-noruega-meses-apos-saia-justa/

41. http://www.mma.gov.br/index.php/comunicacao/agencia-informma?view=blog&id=2847

42. Akerø, D. B., P. E. Borge, H. Hveem e D. Poleszynski (1979): *Norge i Brasil — Militærdiktatur, folkemord og norsk aluminium.*

43. Hemming, John (2008): *Tree of Rivers. The Story of the Amazon.*

44. Comissão Nacional da Verdade (2014): *Relatório / Comissão Nacional da Verdade.*

45. https://www.oestadonet.com.br/noticia.php?id=8539

46. https://titan.uio.no/node/3442

47. https://www.huffingtonpost.com/trudie-styler/why-sting-and-i-set-up-th_b_98252.html

48. http:// www.sting.com/news/article/4127

49. http:// www.sting.com/news/article/4127

50. https://en.wikipedia.org/wiki/Human_Rights_Now!

51. https://www.dagbladet.no/magasinet/indianerhovdingen/65832834

52. Steineger, Erik (inédito): *Notat om opprettelsen av Regnskogfondet i Norge.*

53. Stern, Nicolas (2007): *The Economics of Climate Change. The Stem Review.*

54. https://www.dagbladet.no/nyheter/bellona---den-styggeste-krasjlandingen-vi-har-sett/62199243

55. https://www.nrk.no/urix/bondevik-stiller-kabinettsporsmal-1.462317

56. Em 2010, o ministério do Meio Ambiente escreveu: "A maior fonte de emissão individual de CO_2 da Noruega ano passado foi a refinaria de petróleo da Statoil em Mongstad, em Hordaland. A refinaria produziu mais de 1,5 milhão de toneladas de CO_2". htttp://www.miljodirektoratet.no/no/Nyheter/Nyheter/Oldklif/2010/Mai_2010/Norges_ti_storste_CO2_utslipp/

57. Sølhusvik, Lilla (2012): *Kristin Halvorsen. Cópia. Pág. 180.*

58. http://brasileira.no/brevet-som-utloste-regnskogmilliardene/

59. https://www.vg.no/nyheter/innenriks/i/zWL74/tre-milliarder-aarlig-til-regnskogen

60. http://rn.diarioonline.com.br/noticias/para/noticia-492821-canal-despeja-agua-sem-tratamento-da-hydro-no-rio-para.html

61. *Dagens Næringsliv*, segunda-feira, 12 de março de 2018.

62. https://www.dn.no/nyheter/2018/03/19/0526/Industri/-det-er-fullstendig-uakseptabelt

63. https://e24.no/boers-og-finans/i/RxMwlO/analytiker-beregner-at-hydros-brasil-troebbel-har-kostet-800-millioner

64. https://tv.nrk.no/serie/torp/NNFA52041118/11-04-2018

65. https://www.dn.no/industri/hydro/alunorte/brasil/hydro-sjefen-ble-varslet-om-brasil-kutt-forst-etter-ti-dager/2-1-321659?jwsource=cl

66. https://www.tu.no/artikler/gransking-frikjenner-hydro-for-forurensing-i-brasil/434418

67. https://gl.globo.com/natureza/noticia/dono-de-13-da-hydro-governo-da-noruega-diz-que-contaminacao-embarcarena-devera-ser-tratada-entre-empresa-e-autoridades-do-brasil.ghtml

68. Norsk Hydro ASA (2018): *Notat til Nærings- og fiskeridepartementet ved æringsministeren. Vedrørende Hydros aluminarafifineri i Para, Brasil*

69. https://www.bt.no/nyheter/lokalt/i/RmrbJ/jeg-har-ikke-lenger-tillit-til-telenors-styreleder

70. Norsk Hydro ASA (2018): *Notat til Nærings- og fiskeridepartementet ved Næringsministeren. Vedrørende Hydros aluminarafifineri i Para, Brasil*.

71. https://www.nrk.no/norge/historisk-regnskog-mote-i-oslo-1.7140837

72. Sølhusvik, Lilla (2012): *Kristin Halvorsen. Cópia. Págs. 232-233*

73. http://www1.folha.uol.com.br/fsp/ciencia/fe2311200301.htm

74. Santilli, Marcio (*inédito*): *Notas sobre a história do Fundo Amazônia no Brasil*.

75.   Santilli, M., P. Moutinho, S. Schwartzman et al. (2005): "Tropical Deforestation and the Kyoto Protocol" in *Climatic Change* 71.

76.   http://gl.globo.com/Noticias/Brasil/0„MUL144071-5598,00-PACTO+PROPOE+FIM+DO+DESMATAMENTO+NA+AMAZONIA+ATE.html

77.   https://www.bistandsaktuelt.no/nyheter/nyheter---tidligere-ar/2009/norge-sliter-med-a-bruke-skogmilliarder/

78.   https://www.nrk.no/norge/regjeringen_-kan-bli-slutt-pa-regnskogmilliarder-til-brasil-1.13568953

79.   https://www.dn.no/regnskog-milliarder-apner-oljedorer/1-1-1532317

80.   https://www.folha.uol.com.br/fsp/1995/10/21/dinheiro/20.html

81.   https://www.tv2.nO/a/3198557/

82.   https://www.aftenposten.no/okonomi/i/R9xk2/Hydro-gigant-i-Brasils-regnskog

83.   https://www.hydro.com/no/hydro-i-norge/pressesenter/Nyheter/2010/Hydro-overtar-Vales-aluminiumvirksomhet/

84.   https://www.publiceye.ch/en/media/press-release/the_2012_public_eye_awards_infamous_awards_go_to_barclays_and_vale/

85.   https://www.brasildefato.com.br/node/9849/

86.   https://e24.no/naeringsliv/i/OnrQkO/trippelrekord-for-norsk-lakseeksport

87.   https://kapital.no/2018/09/13-nye-laksekonger-blant-norges-400-rikeste-0

88.   https://www.forbes.eom/profile/gustav-magnar-witzoe/#790374131fc0

89.   https://www.ssb.no/jord-skog-jakt-og-fiskeri/statistikker/fiskeoppdrett

90.   https://www.nrk.no/trondelag/over-20-prosent-av-oppdrettslaksen-dor-i-merdene-1.13952684

91. http://www.miljostatus.no/Tema/Ferskvann/Laks/

92. https://laksefakta.no/hva-spiser-laksen/hva-er-i-foret-til-laksen/

93. https://laksefakta.no/hva-spiser-laksen/soya-og-laksefor/

94. Framtiden i våre hender e Regnskogfondet (2017): *Fra brasiliansk jord til norske middagsbord.*

95. http://www.denofa.no/?ItemID=1230

96. https://laksefakta.no/hva-spiser-laksen/soya-og-laksefor/

97. https://www.nationen.no/naering/en-av-verdens-storste-lakseoppdrettere-vurderer-importstopp-av-soya-fra-brasil/

98. https://www.nrk.no/trondelag/sjomat-norge-onsker-a-femdoble-sjomatnaeringen--vil-koste-500-milliarder-1.14501218

99. https://www.hcvnetwork.org/ about-hevf

100. Framtiden i våre hender e Regnskogfondet (2017): *Fra brasiliansk jord til norske middagsbord.*

101. https://www.cia.gov/library/publications/the-world-factbook/fields/2147.html

102. WWF (2014): *The Growth of Soy. Impacts and Solutions. Pág. 63.*

103. Framtiden i våre hender e Regnskogfondet (2017): *Fra brasiliansk jord til norske middagsbord.*

104. Cert ID (2017): RELATÓRIO DE RESUMO PÚBLICO. PROGRAMA DE CERTIFICAÇÃO RTRS, Grupo de Produtores Amaggi RTRS EU RED.

105. Framtiden i våre hender e Regnskogfondet (2017): *Fra brasiliansk jord til norske middagsbord.*

106. https://www.foodsofnorway.net/

107. Framtiden i våre hender e Regnskogfondet (2017): *Fra brasiliansk jord tilnorske middagsbord.*

108. https://rollingstone.uol.com.br/edicao/edicao-121/escravidao-desmatamento-caca-animais-silvestres-caatinga-piaui/

109. https://kapital.no/norges-500-storste

110. Norges generalkonsulat e Innovasjon Norge (2017): *Norwegian Investments in Brazil.*

111. Regnskogfondet og Framtiden i våre hender (2018): *Salmon on soy beans — Deforestation and land conflict in Brazil*

112. https://www.yara.no/om-yara/

113. https://www.yara.com/this-is-yara/sustainability/

114. https://www.dn.no/nyheter/2014/08/05/0837/yara-med-milliardkjop-i-brasil

115. https://www.nrk.no/sapmi/norsk-oljeleting-i-regnskogen-1.6244676

116. https://in.reuters.com/article/energy-peru-discover-idINN0745888320081007

117. https://sysla.no/offshore/discover_petroleum_anklaget_for_korrupsjon_i_peru/

118. https://www.nrk.no/troms/frikjenner-tromso-selskap-l.6330480

119. https://www.nrk.no/troms/discover-petroleum-skifter-ham-1.7101555

120. https://www.bistandsaktuelt.no/nyheter/2015/norfund-partnere-korrupsjonstiltalt/

121. É fato histórico que o Norfund é inteiramente financiado com o orçamento da cooperação norueguesa. Os 821 milhões de coroas da compra da SN Power vieram do dinheiro destinado à cooperação bilateral e foram transferidos diretamente para a holding Jackson Group, o que motivou críticas de pessoas que acham que a aquisição de empresas privadas não deve ser financiada com verba destinada ao desenvolvimento, mas não avançaremos na polêmica. O efeito positivo é que, por causa das obrigações vinculadas à verba de cooperação, a Norfund e a SN Power são obrigadas a cumprir exigências mais severas nas áreas de boa governança corporativa, redução da pobreza, meio ambiente e combate à corrupção.

122. https://wwwl.folha.uol.com.br/poder/2014/ll/1548285-pf-pede-prisao-de-5-presidentes-de-empresas-durante-operacao-lava-jato.shtml

123. http://dc.clicrbs.com.br/sc/noticias/noticia/2015/09/pf-deflagra-19-fase-da-lava-jato-em-

florianopolis-e-outras-duas-cidades-4852616.html

124. https://politica.estadao.com.br/blogs/fausto-macedo/socio-da-engevix-diz-que-pagou-r-22-milhoes-a-operador-de-propinas-em-contrato-de-belo-monte/

125. https://politica.estadao.com.br/blogs/fausto-macedo/moro-condena-dono-da-engevix-a-19-anos-de-prisao-por-corrupcao-e-lavagem/

126. https://www.dn.no/morgenbrief/dn-ekspress-03-03-17/1

127. https://www.statkraft.no/om-statkraft/helse-og-sikkerhet/forretningsetikk-og-antikorrupsjon/

128. Statkraft AS (2017): *Årsrapport 2016. Pág. 84, nota 33.*

129. https://www.dn.no/morgenbrief/dn-ekspress-03-03-17/1

130. https://www.nrk.no/dokumentar/xl/i-hydros-bakgard-l.14335410

131. https://www.aftenposten.no/okonomi/i/a27oqd/statoil-skryter-av-sin-groenne-satsing-men-bruker-mer-enn-95-prosent-av-investeringene-paa-olje-og-gass?spid_rel=2 e https://www.aftenbladet.n0/meninger/kommentar/i/qLeQoL/et-sted-ma-equinor-begynne

132. "Slik sminker de skiferolje". In *Klassekampen*, 26 de novembro de 2018.

133. https://e24.no/energi/equinor/statoil-kaster-seg-paa-solboelgen-skal-bygge-solkraftanlegg-i-brasil-med-scatec-solar/24155527

134. "Kamp om hoder". In *Klassekampen*, 28 de novembro de 2018.

135. https://www.dn.no/magasinet/energi/eldar-satre/equinor/rio-de-janeiro/-jeg-er-en-mer-innadvendt-litt-beskjeden-karakter/2-1-365409

136. O *Oljefondet* utiliza apenas títulos em inglês para designar seus colaboradores, inclusive nas páginas norueguesas na internet.

137. https://wwwl.folha.uol.com.br/poder/2017/05/1885414-leia-na-integra-a-conversa-entre-o-

presidente-temer-e-joesley-batista.shtml

138. https://www.nbim.no/no/apenhet/nyheter/2018/beslutninger-om-utelukkelse-eierskapsutovelse-og-observasjon/

139. https://www.nbim.no/no/fondet/beholdningene/beholdninger-per-31.12.2017/

140. Øvald, Camilla Bakken (2018): *Drømmefondet. Hvordan Norge ble finansbransjens George Clooney, og veien videre for Oljefondet.*

141. http://etikkradet.no/files/2018/07/NOR-Tilrad-JBS-2018.pdf

142. https://www.nbim.no/no/ansvarlighet/

143. https://www.regnskog.no/no/publikasjoner/rapporter

144. Regnskogfondet (inédito): *GPFG investments in high-risk sectors.*

145. https://www.vl.no/nyhet/derfor-dropper-oljefondet-miljosvin-1.720483?paywall=expired

146. https://www.theguardian.com/sustainable-business/2017/jul/10/100-fossil-fuel-companies-investors-responsible-71-global-emissions-cdp-study-climate-change

147. https://reporterbrasil.org.br/2019/08/jbs-marfrig-e-frigol-compram-gado-de-desmatadores-em-area-campea-de-focos-de-incendio-na-amazonia/

148. http://www.mightyearth.org/mysterymeat/

149. https://yearbook2018.trase.earth/chapter5/

150. http://resources.trase.earth/documents/TraseYearbook2018_ExecutiveSummary.pdf

151. http://www.brasilagro.com.br/conteudo/chinesa-cofco-supera-rivais-e-mira-aquisicoes-por-soja-do-brasil.html

152. Wai Peng, representante da Cofco International, numa conferência em Oslo, junho de 2018.

153. http://www.mpf.mp.br/pa/sala-de-imprensa/noticias-pa/belo-monte-norte-energia-e-condenada-por-atrasos-em-obras-de-saneamento

154. http://brasileira.no/bildeserie-110-km-kano-ekspedisjon-i-amazonas/

155. Foi nesta prisão em Altamira que cerca de 60 pessoas foram mortas durante uma rebelião em julho de 2019.

156. Leira, Torkjell e Rainforest Foundation Norway (2014): *Human rights andresource conflicts in the Amazon.*

157. http://www.ohchr.org/Documents/Publications/GuidingPrinciplesBusinessHR_EN.pdf.

158. https://www.regjeringen.no/globalassets/upload/ud/oecd_ncp/oecd-retningslinjer-flernasjonale-selskaper201307.pdf

159. https://www.ifc.org/wps/wcm/connect/Topics_Ext_Content/IFC_External_Corporate_Site/Sustainability-At-IFC/Policies-Standards/Performance-Standards

160. https://etikkradet.no/files/2018/07/NOR-Tilrad-LuThai-2018.pdf

161. https://www.socioambiental.org/pt-br/blog/blog-do-xingu/desmatamento-explode-em-terras-indigenas-impactadas-por-belo-monte-no-para

162. Funai (2015): Parecer sobre o Processo de Licenciamento Ambiental da UHE Belo Monte.

163. https://www.bbc.com/news/world-latin-america-42420578

164. https://pohtica.estadao.com.br/blogs/fausto-macedo/delfim-netto-recebeu-percentual-da-propina-por-belo-monte-diz-lava-jato/

165. https://energiogklima.no/kommentar/blogg/oljefondet-trekk-fra-store-kan-gi-globalt-klimaloft/

166. https://www.dn.no/industri/svein-richard-brandtzag/brasil/norsk-hydro/alunorte-sjef-fikk-37-millioner-i-bonus/2-1-302475

167. https://www.tu.no/artikler/hydro-mener-det-er-umulig-at-de-star-bak-forurensningen-av-drikkevann-etter-utslipp-i-brasil/432793

168. https://www.hydro.com/en/media/news/2018/hydro-expands-review-and-launches-audit-following-more-untreated-rainwater-discharges-from-alunorte/

169. https://www.nrk.no/urix/funn-av-nye-utslipp-ved-hydro-anlegget-i-brasil_-1.13968986

170. A Hydro optou por liberar água contaminada através do canal velho para evitar que fosse obrigada a liberar uma quantidade muito maior de água contaminada dos depósitos de lama vermelha.

171. https://www.dn.no/industri/svein-richard-brandtzag/brasil/norsk-hydro/alunorte-sjef-fikk-37-millioner-i-bonus/2-1-302475

172. Associação Brasileira de Engenharia Sanitária e Ambiental (2017): *Ranking ABES da Universalização do Saneamento.*

173. http://brasileira.no/de-elendige-versjon-amazonas/

174. https://finansavisen.no/nyheter/boers-finans/2019/05/hydro-kan-starte-full-produksjon-i-brasil

175. https://finansavisen.no/nyheter/industri/2019/09/27/6989332/lofter-siste-embargo-pa-norsk-hydros-alunorte

176. https://www.aftenposten.no/norge/i/pLKEoX/Hydro-Restriksjonene-i-Brasil-opphevet_-Alunorte-kan-gjenoppta-full-produksjon

177. https://portal.trfl.jus.br/sjpa/comunicacao-social/imprensa/noticias/3-vara-federal-rejeita-acao-penal-de-mineradora-contra-pesquisador-do-instituto-evandro-chagas.htm

178. https://www.hydro.com/no-NO/media/news/2019/hilde-merete-aasheim-appointed-new-ceo-of-hydro/

179. https://gl.globo.com/politica/eleicoes/2018/noticia/lula-tem-33-bolsonaro-15-marina-7-e-ciro-4-aponta-pesquisa-ibope.ghtml

180. https://noticias.uol.com.br/meio-ambiente/ultimas-noticias/redacao/2019/08/15/bolsonaro-sobre-noruega-nao-e-aquela-que-mata-baleia-e-explora-petroleo.htm?cmpid=copiaecola

181. https://nrkbeta.no/2019/08/26/slik-provde-brasils-president-a-sverte-norge-med-en-feilaktig-video-av-blodige-hvaldrap/

182. https://noticias.uol.com.br/meio-ambiente/ultimas-noticias/redacao/2018/11/12/onyx-se-irrita-e-diz-para-noruega-aprender-com-brasil-sobre-desmatamento.htm

183. https://twitter.com/NilsGunneng, 13 de novembro de 2018.

184. https://noticias.uol.com.br/meio-ambiente/ultimas-noticias/redacao/2019/05/17/salles-questiona-eficacia-de-projetos-do-fundo-amazonia-contra-desmatamento.htm

185. https://www.norway.no/pt/brasil/noruega-brasil/noticias-eventos/brasilia/noticias/declaracao-sobre-o-fundo-amazonia/

186. https://www.dn.no/politikk/ola-elvestuen/brasil/regnskog/norge-stanser-regnskogpenger-til-brasil/2-1-654197

187. Aftenposten junior, 20-26 de agosto de 2019.

188. https://twitter.eom/cristiano/status/1164588606436106240

189. https://noticias.uol.com.br/meio-ambiente/ultimas-noticias/redacao/2019/08/06/bolsonaro-ironiza-criticas-sobre-desmatamento-sou-o-capitao-motosserra.htm

190. https://veja.abril.com.br/politica/sem-apresentar-qualquer-prova-bolsonaro-tenta-ligar-ongs-a-queimadas/

191. https://www.aftenposten.no/verden/i/Qor55R/Hoyrepopulister-haper-pa-en-ny-folkelig-velgermagnet

192. Schaller, Stella og Alexander Carius (2019): Convenient Truths: Mapping climate agendas of rightwing populist parties in Europe.

193. https://oglobo.globo.com/sociedade/bolsonaro-diz-que-macron-evoca-mentalidade-colonialista-ao-tratar-de-queimadas-no-brasil-23896876

194. https://www.bbc.com/portuguese/brasil-49471483

195. https://oglobo.globo.com/sociedade/bolsonaro-diz-que-macron-evoca-mentalidade-colonialista-ao-tratar-de-queimadas-no-brasil-23896876

196. https://www.dn.no/klima/equinor-topp-roser-brasils-president-og-mener-landet-ivaretar-regnskogen-bra/2-1-673447

197. https://twitter.com/jairbolsonaro/status/1164995659847688192

198. https://www.nrk.no/norge/norsk-handelsavtale-

med-brasil_-_-skandalost-og-uansvarlig_-mener-sv-lederen-1.14673021

199. https://www.cartacapital.com.br/sociedade/ze-claudio-e-maria-justica-historica

200. https://www.oeco.org.br/reportagens/27058-assassinos-de-ze-claudio-sao-condenados-a-40-anos-de-prisao/

Bibliografia

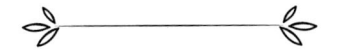

Akerø, D. B., P. E. Borge, H. Hveem e D. Poleszynski (1979): *Norge i Brasil. Militærdiktatur, folkemord og norsk aluminium*. Oslo: H. Aschehoug & Co.

Alstadheim, Kjetil B. (2010): *Klimaparadokset. Jens Stoltenberg om vår tids største utfordring*. Oslo: H. Aschehoug & co.

Associação Brasileira de Engenharia Sanitária e Ambiental (2017): *Ranking ABES da Universalização do Saneamento*.

Berg, Trond e Even Lange (1989): *Foredlet virke. Historien om Borregaard 1889-1989*. Oslo: Ad Notam forlag.

Cert ID (2017): *RELATÓRIO DE RESUMO PÚBLICO. PROGRAMA DE CERTIFICAÇÃO RTRS, Grupo de Produtores Amaggi RTRS, EU, RED*. Relatório, 18 páginas.

Caufield, Catherine (1984): *In the Rainforest. Report from a Strange, Beautiful, Imperiled World*. Chicago, EUA: The University of Chicago Press.

Comissão Nacional da Verdade (2014): *Relatório / Comissão Nacional da Verdade*. Brasília, Brasil: Comissão Nacional da Verdade (CNV).

Framtiden i våre hender e Regnskogfondet (2017): *Fra brasiliansk jord til norske middagsbord*. Relatório, 32 páginas.

Funai (2015): *Parecer sobre o Processo de Licenciamento Ambiental da UHE Belo Monte, Informação no223 / 2015 / CGLIC / DPDS / FUNAI-M*. Relatório, 416 páginas.

Grandin, Greg (2009): *Fordlandia. The rise and fall of Henry Ford's forgotten jungle city*. Nova York, EUA: Picador.

Goulding, M., R. Barthem e E. Ferreira; cartografia de R. Duenas (2003): *The Smithsonian Atlas of the Amazon*. Nova York, EUA: Smithsonian Institution.

Gundersby, Per (2014): "Vikingar i Brasilien". In *Nordisk pappershistorisk tidsskrift*. Årgang 43, nr. 2/2014. Helsingfors, Finland.

Hemming, John (2008): *Tree of Rivers. The Story of the Amazon*. Nova York, EUA: Thames & Hudson.

Hermansen, Erlend (2015): "Policy window entrepreneurship: the backstage of the world's largest REDD+ initiative". In *Environmental Politics*, 24:6. Págs 932-950.

Leira, Torkjell (2014): *Brasil – Kjempen våkner*. Oslo: H. Aschehoug & co.

Leira, Torkjell e Rainforest Foundation Norway (2014): *Human rights and resource conflicts in the Amazon*. Relatório, 52 páginas.

Meyer, Frank. (2012): "Company Towns in a Transnational Commodity Chain:

Social and Environmental Dimensions of Aluminum Production in Porto Trombetas, Brazil, and Årdal, Norway". In Borges, M. J. e S. B. Torres (ed): *Company Towns*. Palgrave Macmillan, Nova York.

Nobre, Antônio D. (2014): *The Future Climate of Amazônia*. Articulación Regional Amazónica (ARA). Relatório, 42 páginas.

Norsk Hydro ASA (2018): *Notat til Nærings- og fiskeridepartementet ved Nærings- ministeren. Vedrørende Hydros aluminaraffineri i Pará, Brasil*. Data: 25 de maio de 2018. Anotações, 23 páginas.

Norges generalkonsulat og Innovasjon Norge (2017): *Norwegian Investments in Brazil. 2017 Edition*. Relatório, 24 páginas.

Øvald, Camilla Bakken (2018) *Drømmefondet. Hvordan Norge ble finansbransjens George Clooney, og veien videre for Oljefondet*. Oslo: Manifest forlag.

Pereira, Elenita Malta (2014): "Meio Ambiente e Ditadura no Brasil: A luta contra a Celulose Borregaard (1972-75)". In *Revista de História Ibero-Americana*, vol. 7, n° 2.

Pettersen, Stig Arild (2016): *Erling Lorentzen. Vilje og motstand*. Oslo: Cappelen Damm.

Regnskogfondet e Naturvernforbundet (2012): *Beaty and the beast. Norway's investments in rainforest protection and rainforest destruction*. Relatório, 32 páginas.

Regnskogfondet e Framtiden i våre hender (2018): *Salmon on soy beans – deforestation and land conflict in Brazil*. Relatório, 42 páginas.

Regnskogfondet (inédito): GPFG investments in high-risk sectors, equities, atualizado em 25/02/2019.

Santilli, M., P. Moutinho, S. Schwartzman et al (2005): "Tropical Deforestation and the Kyoto Protocol". In *Climatic Change* 71, side 267–276.

Santilli, Marcio (inédito): *Notas sobre a história do Fundo Amazônia no Brasil*.

Schaller, Stella and Alexander Carius (2019): *Convenient Truths: Mapping climate agendas of right-wing populist parties in Europe*. Berlin, Tyskland: Adelphi.

Schwarcz, Lilia M. e Heloisa M. Starling (2015): *Brasil: Uma biografia*. São Paulo, Brasil: Companhia das Letras.

Skidmore, Thomas E. (2010): *Brazil: Five Centuries of Change*. Second edition. Nova York, EUA: Oxford University Press.

Statkraft AS (2017): *Årsrapport 2016*. Relatório, 136 páginas.

Steineger, Erik (inédito): Notat om opprettelsen av Regnskogfondet i Norge.

Stern, Nicolas (2007): *The Economics of Climate Change. The Stern Re-*

view. Cambridge, Grã-Bretanha: Cambridge University Press.

Sæther, Anne Karin (2017): *De beste intensjoner. Oljelandet i klimakampen*. Oslo: Cappelen Damm.

Sølhusvik, Lilla (2012): *Kristin Halvorsen. Gjennomslag*. Oslo: Cappelen Damm.

Wallace, Scott (2011): *The Unconquered. In Search of the Amazon's last Uncontacted Tribes*. Nova York, EUA: Crown Publishing Group.

WWF (2014): *The Growth of Soy. Impacts and Solutions*. Relatório, 96 páginas.

Exemplares impressos em offset pela Gráfica Bartira sobre papel Cartão LD 250 g/m² e Pólen Soft LD 80 g/m² da Suzano Papel e Celulose para Editora Rua do Sabão.